EVROPA

HANS MELDERIS

Geheimnis der Gene

Die Geschichte
ihrer Entschlüsselung

Europäische Verlagsanstalt

Informationen zu unseren Verlagsprogrammen finden Sie im Internet unter
www.europaeische-verlagsanstalt.de bzw. www.rotbuch.de

Die Deutsche Bibliothek – CIP-Einheitsaufnahme

Ein Titeldatensatz für diese Publikation ist bei
Der Deutschen Bibliothek erhältlich

© Europäische Verlagsanstalt/Rotbuch Verlag, Hamburg 2001
Umschlaggestaltung: Projekt ®/Walter Hellmann, Hamburg
Signet: Dorothee Wallner nach Caspar Neher »Europa« (1945)
Herstellung: Das Herstellungsbüro, Hamburg
Druck und Bindung: Clausen & Bosse, Leck
Alle Rechte vorbehalten
Printed in Germany
ISBN 3-434-50518-0

Inhalt

»Die skizzenhaften Sequenzen des menschlichen Erbguts sind bemerkenswerte Errungenschaften. Sie stellen einen Umriß der Information dar, die nötig ist für die Schöpfung eines menschlichen Wesens, und zeigen zum ersten Mal die gesamte Organisation einer Wirbeltier-DNS.«

David Baltimore, Nobelpreisträger und einer der Väter des humanen Genomprojektes, im Februar 2001, anläßlich der Veröffentlichung der gesamten Genomdaten.

Einleitung

Im Frühsommer des Jahres 2000 geriet die Nachricht von der Entschlüsselung des gesamten menschlichen Erbguts, des Genoms, zu einem Medienspektakel und sogenannten Jahrhundertereignis. Keine wissenschaftliche Erkenntnis seit Darwin hat ähnliche Emotionen und Phantasien freigesetzt und Auseinandersetzungen provoziert wie dieses Ergebnis der Molekularbiologie, einer Spezialdisziplin der Biologie. Im Juni 2001 machte der Evangelische Kirchentag in Frankfurt am Main die Gentechnik zum zentralen Thema. Begonnen hatte alles genau 100 Jahre zuvor, mit der gleich dreifachen Wiederentdeckung der Mendelschen Vererbungsgesetze durch die Botaniker Hugo de Vries in Amsterdam, Carl Correns in Berlin und Erich von Tschermak in Wien. Ein halbes Jahr später, im Dezember 1900, stellte Max Planck in Berlin das »Wirkungsquantum« vor: eine der wichtigsten Konstanten der modernen Physik. Es waren Quantenphysiker, die entscheidende Beiträge zur Entschlüsselung des Genoms geleistet haben, mit der Erkenntnis, daß der genetische Code des Menschen und aller übrigen Lebewesen aus linear aneinandergereihten (chemischen) Buchstaben aufgebaut ist, wie die menschliche Schrift.

Ebenso entscheidende Beiträge hatte ein neuer Zweig der Biologie geliefert: die Molekularbiologie. Warren Weaver, der Direktor der amerikanischen Natural Sciences Section der Rockefeller Foundation, hatte diesen Begriff 1938 erstmals gebraucht, als er sie als einen »neuen Zweig der Wissenschaft« bezeichnete, der sich als »ebenso revolutionär erweisen könnte wie die Entdeckung der lebenden Zelle«. Molekularbiologie bedeutet im engeren Sinne die Erforschung der molekularen Details der Gene. Sie beschreibt, wie die Buchstabenschrift der Moleküle des Lebens abgefaßt ist, und wird damit zur Grundlage der Genetik. Im erweiterten Sinne beschäftigt sie sich mit Struktur und Funktion biologischer Makromoleküle. Hier beschreibt sie die molekularen Einzelheiten des Zusammenspiels im Verlauf der genetischen Informationsschrift bis in ihre lebendige Ausführung. Im historischen Rückblick beginnt die Geschichte der modernen Genetik im Juni 1900 und erreicht im Juni 2000 ihren vorläufigen Höhepunkt mit der Nachricht, der Bauplan des gesamten menschlichen Erbguts sei entschlüsselt.

Wissenschaftsgeschichte – damit der politischen Geschichte vergleichbar – verläuft nicht immer linear und folgerichtig, verirrt sich häufig in viele, teilweise entmutigende Irrwege. Aber vielleicht liegt darin auch ihre besondere Faszination. Der französische Mikrobiologe François Jacob, der für das Modell der Regulation der Genaktivität zusammen mit seinem Landsmann Jacques Monod 1965 den Nobelpreis für Physiologie/Medizin erhielt, hat die Wissenschaftsgeschichte einmal mit einem Labyrinth verglichen, in dem eine »Reihe sorgfältig geordneter Resultate logisch erscheinen lassen, was damals keineswegs so logisch war«.

Aus diesem Grunde findet der Leser im Anhang eine zusammenfassende chronologische Übersicht der wichtigsten Forschungsergebnisse der letzten einhundert Jahre und einen Überblick über die entscheidenden Originalarbeiten, die zum Verständnis einer Geschichte der Entschlüsselung des menschlichen Erbguts relevant sind. Es ist bemerkenswert, daß die Geschichte der Strukturaufklärung des genetischen Materials der Lebewesen, namentlich in ihren Anfängen, mit der Geschichte der Quantenphysik, der Aufklärung der Struktur der Materie, über weite Strecken verbunden ist. Die wissenschaftliche Gemeinschaft war der Überzeugung, daß die molekularen Details der Materie, der unbelebten wie der belebten, zu einer genauen Kenntnis der Struktur der Moleküle des Lebens führen müsse. Die genaue Struktur sollte der Schlüssel für das Verständnis der genauen Funktion sein – eine Auffassung, die sich als richtig erwies. Die Beziehung zwischen Physik und Biologie führte schon im 19. Jahrhundert zur Entdeckung der Energieerhaltung. Die Energie, die in den einzelnen Energieformen – Bewegungsenergie, Wärmeenergie und chemische Energie – gespeichert ist, kann niemals verloren gehen; sie kann nur von der einen in die andere umgewandelt werden. Das ist der sogenannte Energieerhaltungssatz. Der Arzt Julius Robert Mayer hatte um die Mitte des 19. Jahrhunderts diesen Satz aufgestellt, im Zusammenhang mit einem biologischen Phänomen: der von Lebewesen abgegebenen und aufgenommenen Wärmemenge.

Alle Lebewesen sind im naturwissenschaftlichen Sinne aus der toten Materie hervorgegangen; was den Menschen dennoch von der übrigen Natur und den anderen Lebewesen unterscheidet, können wir jetzt auch im Vergleich der genauen Strukturen des Erbguts unterschiedlicher Arten besser verstehen und erkennen. Es zeichnet sich aber schon jetzt ab, daß das Besondere am Menschen vermutlich nicht allein durch sein Genom erklärt werden kann. Unser naturwissenschaftliches Wissen hat sich im vorangegangenen Jahrhundert auf dramatische Weise vermehrt, und wir sind dem Geheimnis der Gene auf die Spur gekommen. Dem besonderen Geheimnis des Menschen aber hat es uns nicht sehr viel näher gebracht. Eine Erkenntnis allerdings geht schon jetzt unzweideutig aus den Genomdaten hervor: die tröstliche Einsicht, daß es keine grundlegenden Unterschiede zwischen den verschiedenen Rassen gibt.

Molekularbiologie und, in ihrem Gefolge, die Gentechnologie führen zu einem Verständnis der Geheimnisse des Lebens durch die unmittelbare Anschaulichkeit ihrer Modelle. Es ist nicht notwendig, mathematisch-physikalische Abstraktionen und Formeln zu bemühen. Zum genauen Verständnis der Gentechnik sollen die wesentlichen biologischen Grundlagen vorgeführt werden, um Methoden und Ergebnisse der Entschlüsselung des menschlichen Erbguts verstehen und nachvollziehen zu können. Wissenschaftliche Begriffe wie Genom und Gentechnik, Klonen und embryonale Stammzellen oder genetischer Fingerprint und Bioinformatik werden auf diese Weise verständlicher. Dabei muß in einigen Kapiteln auf die biochemischen Grundlagen der »Moleküle des Lebens« – Proteine (Eiweiße) und Nukleinsäuren (DNS und RNS) – ausführlicher eingegangen werden. Das mag zunächst neu, beschwerlich und nicht unbedingt notwendig erscheinen; der Leser wird dafür aber dem Grundverständnis über Gentechnik nähergebracht, das die neuen Probleme, die weit über die Biologie hinausgehen, begreifbar macht. Die Gentechnik wird unsere Gesellschaft zwangsläufig verändern, weil wir in der Lage sein werden – ob wir das wollen oder nicht –, unser Erbgut in mancherlei Hinsicht zu verändern. Naturwissenschaftliche Erkenntnisse und deren technische Anwendungen, das haben wir aus den hinter uns liegenden Jahrhunderten lernen müssen, lassen sich nicht unterdrücken oder ungeschehen machen. Und schon lange nicht in einer Zeit der Globalisierung, in der allenthalben der technische Fortschritt oder das, was man dafür hält, vorangetrieben wird. Wir schaffen damit eine Welt, in der es für jeden einzelnen unerläßlich sein wird, Grundbegriffe der Naturwissenschaften zu kennen, um den neuen Erkenntnissen der biologischen Forschung zu begegnen. Nancy Wexler, die Leiterin der Ethik-Kommission des humanen Genom-Projektes, der Dachorganisation der Genomentschlüsselung, sprach einmal davon, daß wir »den wissenschaftlichen Fortschritt nicht verlangsamen können«, daß wir jedoch versuchen müssen, »unsere Gesellschaft auf dieses neue Wissen besser vorzubereiten«. Dennoch besteht kein Grund zur Panik, denn es wird sich zeigen, daß die Ängste vor geklonten Monsterwesen und dem Ende der Kultur sich als ebenso unbegründet erweisen wie die Euphorien über das Ende aller Leiden und die Abschaffung des Todes. Dieses Buch kann ethische Probleme allenfalls anreißen, es kann den ethischen Grundkonsens, den die Gesellschaft insgesamt herbeiführen muß, nicht ersetzen. Es stellt die historische Entwicklung und die wissenschaftlichen Fakten dar, die es dem Laien erleichtern sollen, sich eine Meinung zu bilden. Es schließt mit einer Darstellung der Genomdaten und reflektiert den derzeitigen Stand ihrer Interpretation.

In der gegenwärtigen Fülle naturwissenschaftlicher Erkenntnisse ist es nur schwer vorstellbar, daß noch zu Beginn des vergangenen Jahrhunderts drei bedeutende »naturwissenschaftliche Geheimnisse« ungelöst waren: der Aufbau des Universums, des Atoms und des Lebens. Von den Nebelflecken, die Astronomen katalogisiert hatten, war noch nicht bewiesen, daß sie, wie unsere Milchstraße, ferne Welteninseln sind. Namhafte Wissenschaftler bezweifelten die Existenz von Atomen; die Erscheinungen des Lebens und der grundlegende Mechanismus der Vererbung schienen unerklärbar. Doch schon im ersten Viertel des 20. Jahrhunderts gelang es mittels Relativitätstheorie, Kosmologie und Quantentheorie, das Geheimnis des Universums und des Atoms zu erklären. In der zweiten Hälfte des Jahrhunderts war die Molekularbiologie dem Geheimnis des Lebens nähergekommen. Der Vorläufer der Molekularbiologie war zu Beginn des Jahrhunderts die aus der Physiologischen Chemie hervorgegangene Biochemie. An der Entwicklung der physiologischen Chemie in Deutschland war bereits in der Mitte des 19. Jahrhunderts Felix Hoppe-Seyler maßgeblich beteiligt. Als Prosektor am Pathologischen Institut der Berliner Charité bei Rudolf Virchow richtete er das erste physiologisch-chemische Universitätslabor ein. Sein grundlegendes Buch *Über die Entwicklung der physiologischen Chemie und ihre Bedeutung für die Medizin* erschien 1884 in Straßburg. Der Schweizer Johann Friedrich Miescher hatte 1869 bei Hoppe-Seyler, der inzwischen Professor für Physiologische Chemie an der Universität Tübingen geworden war, mit einer Arbeit über den Wundeiter promoviert. In dieser Arbeit beschreibt er erstmals die Nukleinsäuren, die sich später als die Träger der Erbinformation erweisen sollten.

Allerdings hatte 1884, schon bald nach Mieschers Entdeckung, der deutsche Zoologe Oscar Hertwig den Verdacht geäußert, die Nukleinsäuren könnten das Substrat der Vererbung sein. So schrieb er in einem Aufsatz *Eine Theorie der Vererbung*, die Nukleinsäuren seien »nicht nur verantwortlich für die Befruchtung des Eies, sondern auch für die Übertragung vererbbarer Eigenschaften«.

In der molekularbiologischen Forschung ereignete sich im Jahr 2000 ein ähnlicher Höhepunkt wie knapp 50 Jahre zuvor, 1953, mit der Entdeckung der DNS-Doppelhelix. Während aber diese ganz unspektakulär verlief, sollte die bloße Nachricht von der angeblichen Entschlüsselung des gesamten menschlichen Erbguts sich zu einer Sensation mit anhaltender Wirkung ausweiten. Es war der Schlußstein einer wissenschaftlichen Suche nach dem Geheimnis der Vererbung und des Lebens. Die Entdeckung der Doppelhelix deutete eine Erklärungsmöglichkeit der rätselhaften Vererbungsvorgänge zwar schon an, aber die frühen 50er Jahre des letzten Jahrhunderts waren von ganz anderen Themen beherrscht. Der Kalte Krieg und der Bau der ersten Wasserstoffbombe im Zusammenhang mit dem nuklearen Wettrüsten und die daraus resultierenden Ängste waren die Themen der Zeit.

Ganz andere Resonanz dagegen weckte die Entschlüsselung des gesamten menschlichen Erbguts. Nach dem Jahrhundert der Physik wurde jetzt das Jahrhundert der Biologie ausgerufen, weil sich die spektakulären Ereignisse und die daraus resultierenden Diskurse und Ängste auf das Gebiet der Biologie und der Medizin verlagert haben. Um die Tragweite für unser Bild vom Menschen abschätzen zu können, ist es unerläßlich, die Geschichte dieser Entwicklung nachzuzeichnen und einige Grundlagen der Molekularbiologie zu erklären. Die menschliche Erbsubstanz Desoxyribonukleinsäure (DNS) liegt in Form einer sogenannten Doppelspirale (Doppelhelix) vor. Die dreidimensionale Struktur basiert auf den Atomabständen, wie sie die Quantenmechanik beschreibt, auf biochemischen Reaktionen und einer »Röntgenaufnahme« kristallisierter DNS.

In der Quantenmechanik ist das anders: Da bleibt selbst ein fundamentales Teilchen wie das Elektron immer eine mathematische Abstraktion. Es ist gleichzeitig Teilchen und elektromagnetische Welle, seine räumliche Position entspricht immer nur einer quantenmechanischen Aufenthaltswahrscheinlichkeit (Unschärferelation). Alle biologischen Phänomene spielen sich aber – Gott sei Dank – jenseits der Ebene der quantenmechanischen Unschärferelation ab. Deshalb gibt es in der biologischen Welt weiterhin Entscheidungs- und Willensfreiheit und klare Verantwortlichkeiten, die sich weder hinter quantenmechanischen »Sowohl-als-auch«-Wahrscheinlichkeiten noch hinter einer unausweichlichen genetischen Disposition allein verstecken können. In der biologischen Welt bleibt, trotz Entschlüsselung des Genoms, die verantwortliche Willensfreiheit auch weiterhin bestehen.

Das Leben auf der Erde begann vor vier Milliarden Jahren und ist damit fast so alt wie unser Planet selber. Zwei faszinierende Ereignisse müssen sich abgespielt haben: der Übergang von unbelebter zu belebter Materie und der von belebter Materie zu denkenden Wesen. Aufgrund der Evolution der Lebewesen und der Selektionsgesetze, denen sie unterworfen sind, von Charles Darwin erstmals beschrieben, konnten in dieser relativ kurzen Zeitspanne überhaupt lebendige Strukturen entstehen und sich zu der Formenvielfalt des Biokosmos entwickeln. Sie »lernten«, sich zu reproduzieren, entwickelten einen dem Energieangebot angepaßten Stoffwechsel, nahmen Umweltreize auf, die sie verarbeiteten, und begannen schließlich zu »denken«. Die individuelle lebendige Form verdankt, molekularbiologisch gesehen, ihren Ursprung dem Zufall der Zeugung. Der anschließende Prozeß der Selektion und Evolution ist unabwendbare Notwendigkeit. Der französische Nobelpreisträger Jacques Monod, einer der Begründer der Molekularbiologie, hat diese Zusammenhänge in seinem Buch *Zufall und Notwendigkeit* beschrieben. Die Molekularbiologie, die bisher keine anderen Gesetze als die schon bekannten der Physik und Chemie gefunden hat, benötigt für die Erklärung lebendiger Phänomene keine besondere Theorie der »Lebenskraft« der Materie. Sie folgt damit immer noch dem ersten Atomisten, dem griechischen Philosophen Demokrit, der »alles, was im Weltall existiert«, für die »Frucht von Zufall und Notwendigkeit« hielt. Am Ende des 18. Jahrhunderts äußerte sich Alexander von Humboldt, der letzte Universalgelehrte unter den Naturforschern, ähnlich, indem er bemerkte, es sei gar nicht notwendig, »eine eigne Kraft zu nennen, was vielleicht bloß durch das Zusammenwirken der einzelnen längst bekannten materiellen Kräfte bewirkt« werde. Mutationen nach dem Zufallsprinzip sind das Rohmaterial der Evolution. Die Bedingungen der Umwelt, die über Mutanten und diejenigen Kombinationen entscheiden, die überleben, sind die Voraussetzung, damit aus dem wandelbaren genetischen Material genau angepaßte Wesen hervorgehen. Anfang und Evolution des Lebens kann ohne einen bewußten Schöpfungsakt erklärt werden, beweisen läßt es sich jedoch nicht. Denn in der Biologie, mehr als in den anderen wissenschaftlichen Disziplinen, spielen auch unsere emotionalen Grundeinstellungen eine tragende Rolle.

Die Geschichte des Lebens ist neben der Geschichte des Universums der längste historisch-kontinuierliche Zusammenhang, den wir kennen. Beim Studium von Lebewesen dürfen die historischen Aspekte ihrer Entwicklung nicht übersehen werden. Diese Besonderheit der Organismen fehlt beispielsweise den philosophischen Systemen der Logik. Dem Geheimnis des Lebens auf die Spur zu kommen, bedeutet auch, den historischen Prozeß der Menschwerdung zu verstehen. Daß denkende Wesen, sozusagen in letzter Sekunde ihrer bisherigen Geschichte, ihrem eigenen Geheimnis auf die Spur gekommen sind, nämlich dem, wie Lebewesen aufgebaut sind, sich entwickeln und wie Vererbung abläuft, grenzt an ein Wunder. Ob sie damit dem Geheimnis des Denkens und der besonderen Stellung des Menschen innerhalb der Welt des Lebendigen nähergekommen sind, bleibt fraglich. Den ersten Teil dieser langen »Lebensgeschichte« habe ich in meinem Buch *Der biologische Urknall. Entstehung von Kosmos und Leben aus der Bewegung* ausführlich dargestellt. Es beschreibt die ersten vier Milliarden Jahre dieser Entwicklung. In dem vorliegenden Buch wird die aufregende Fortsetzung erzählt. Die soziokulturellen Aspekte und Probleme der Gentechnik vor der Entschlüsselung des gesamten Genoms hat der englische Wissenschaftsjournalist Tom Wilkie in seinem Buch *Gefährliches Wissen – Sind wir der Gentechnik gewachsen?* vorgestellt.

Ich begann meine wissenschaftliche Laufbahn 1969 in Göttingen am Max-Planck-Institut für experimentelle Medizin, Abteilung Molekularbiologie, mit Arbeiten über Blutkrebs und mit der Aufklärung der Genstrukturen des roten Blutfarbstoffes und deren Bedeutung für die menschliche embryonale Entwicklung. Das Interesse für die weitere Entwicklung der Molekularbiologie und Genforschung hat mich seitdem nicht mehr verlassen.

Physik und Lebenswissenschaften:
Delbrück und Schrödinger

Die vollständige Entschlüsselung des menschlichen Genoms leitet über zum 21. Jahrhundert, das schon jetzt als »das Jahrhundert der Lebenswissenschaften« bezeichnet wird. Konsequenterweise hat die Bundesregierung daher das Jahr 2001 zum Jahr der Lebenswissenschaften erklärt, nachdem das Jahr 2000 als das Jahr der Physik bezeichnet und Albert Einstein, einer der Mitbegründer der Quantentheorie, zum Mann des 20. Jahrhunderts gewählt worden war. Im historischen Rückblick begann dieses Jahrhundert mit der Quantenphysik. Der Beginn der Quantentheorie fiel nämlich exakt in das erste Jahr des neuen Jahrhunderts. Den Anfang der speziellen Relativitätstheorie kann man auf das Jahr 1905 datieren; bis 1917 dauerte der Ausbau der allgemeinen Relativitätstheorie, die den Makrokosmos, die Welt im großen, beschreibt. Um 1930 war mit der neuen Quantenmechanik die Quantentheorie abgeschlossen, die die Welt im kleinen, den Mikrokosmos, beschreibt. Es fehlte noch die Molekularbiologie, die genaue Beschreibung der Welt des Lebendigen, des Biokosmos. Aus dem Makrokosmos, dem Mikrokosmos und dem Biokosmos ist unsere Welt, soweit wir sie naturwissenschaftlich erfassen können, zusammengesetzt. Der Biokosmos unterliegt ausnahmslos den Gesetzen des Mikrokosmos, ist aber Teil des Makrokosmos. Das macht seine faszinierende Zwischenstellung aus.

Die neue Biologie begann um die Mitte des Jahrhunderts, entwickelte sich zunächst langsam zur eigentlichen Molekularbiologie, um an dessen Ende, mit der Erforschung des menschlichen Genoms, das zentrale Thema der öffentlichen naturwissenschaftlichen Diskussion zu werden. Bis dahin hatten Atomphysik, Teilchenphysik und Kosmologie, die Lehre von der Entstehung des Universums, diesen Rang eingenommen.

Im Jahre 1988 wurde James Watson, Mitentdecker der DNS-Doppelhelix und damals einer der Direktoren des National Institute of Health (NIH) in Bethesda, USA, aufgefordert, die Human Genome Organisation (HUGO) ins Leben zu rufen, deren erster Direktor er im folgenden Jahr wurde. Die Organisation hatte sich die Erforschung der vollständigen und exakten Reihenfolge – die Sequenzierung – der gut 3 Milliarden Buchstaben des menschlichen Erbguts zum Ziel gesetzt und begann ihre Arbeit um 1990. Angelegt war dieses einmalige Projekt auf ungefähr 20 Jahre. Daß das gesamte menschliche Genom schon nach zehn Jahren weltweiter wissenschaftlicher Forschungsarbeit entschlüsselt sein würde, konnte zu diesem Zeitpunkt niemand voraussehen. 200 Jahre zuvor, im Jahre 1790, war Immanuel Kant in seiner *Kritik der Urteilskraft* noch der festen Überzeugung gewesen, daß »es für den Menschen ungereimt sei, auch nur einen solchen Anschlag zu fassen, der die Erzeugung eines Grashalmes begreiflich machen werde«. Er schloß mit der Bemerkung, daß »man diese Absicht dem Menschen schlechterdings absprechen muß«. Kant bezog sich dabei auf die Gesetze der Himmelsmechanik Isaac Newtons, von denen er meinte, daß sie über die lebendigen Erscheinungen nichts auszusagen vermögen. Damit sollte er recht behalten. Den Lebensphänomenen konnte man erst mit einer ganz anderen Mechanik zu Leibe rücken, mit der Quantenmechanik nämlich. Sie bildete die Grundlage für eine neue Theorie der chemischen Bindungen, mit der erstmals die »Riesenmoleküle« des Lebens, die Nukleinsäuren und Proteine, in ihren räumlichen Strukturen dargestellt werden konnten. Und gerade die exakten dreidimensionalen räumlichen Strukturen sollten den Schlüssel zum genauen Verständnis der Lebensvorgänge liefern. Die Bezeichnung »Quantenmechanik« für eine Methode, die grundlegend für die dreidimensionalen Strukturen der Lebensmoleküle werden sollte, hatte im Jahre 1923 der Göttinger theoretische Physiker Max Born, der Doktorvater Robert Oppenheimers, in die Quantentheorie eingeführt. Robert Oppenheimer war während des Zweiten Weltkrieges der Leiter des sogenannten »Manhattan-Projektes«, das für den Bau der ersten amerikanischen Atombombe verantwortlich war. Bezeichnenderweise wurde das von »HUGO« initiierte Projekt, auch wegen seiner immensen Kosten, mit dem Manhattan-Projekt verglichen. Atomphysik und Quantenmechanik sind mit der Geschichte der modernen Biologie immer wieder aufs engste verbunden gewesen. Es ist kaum bekannt, daß James Watson und Francis Crick ihr Modell der genauen Struktur der Erbsubstanz DNS im Cavendish Laboratory in Cambridge (England) erarbeiteten, dessen Direktor über lange Jahre Ernest Rutherford war. Rutherford kann man ohne Übertreibung den größten experimentellen Physiker nennen, der jemals gelebt hat. Vielleicht ist es kein Zufall, daß er sein Atommodell zu Anfang des 20. Jahrhunderts im selben Institut erarbeitete, an dem Watson und Crick das erste Modell der DNS-Doppelhelix vorstellten.

Ein Ergebnis dieser Watson-Crick-Entdeckung vor nahezu einem halben Jahrhundert und etwa 250 Jahre nach Kants Einschätzung lebendiger Erscheinungen war auch eine Änderung unserer philosophischen Grundanschauungen. Die Grundlagen der lebendigen Vorgänge unterscheiden sich nicht von denen in der unbelebten Welt. Die Biologie, die von nun an als Wissenschaft von den physikalischen und chemischen Wechselwirkungen zwischen toten Molekülen angesehen werden konnte, ist damit zur Molekularbiologie geworden. Sie hat seither keinen besonderen »Lebensgeist«, keinen göttlichen Atem und keine mysteriösen übernatürlichen Kräfte zur Beschreibung und Erklärung der Lebensvorgänge mehr benötigt. Die Entschlüsselung des gesamten menschlichen Erbguts jedoch hat, neben dem philosophischen, zusätzlich einen ethischen Aspekt in die Diskussion gebracht.

Allerdings sind sich die Väter von »HUGO« auch der besonderen ethischen Verantwortung bewußt und haben aus den Fehlern der Atomforschung, mit ihrer strengen Geheimhaltung unter dem Siegel »nationale Sicherheit«, auch gelernt. Deshalb werden alle Daten ohne Einschränkung im Internet jedermann zugänglich gemacht, und drei Prozent des enormen finanziellen Budgets werden für die Abteilung »ethische, legale und soziale Konsequenzen« des Genomprojektes bereitgestellt.

Um 1900 wird das einstige Ideal der Suche nach Wahrheit durch das Streben nach Objektivität ersetzt. In den letzten Jahren des 19. Jahrhunderts führen drei Botaniker genetische Experimente an Pflanzen durch: Hugo de Vries in Amsterdam, Carl Correns in Berlin und Erich von Tschermak in Wien. Sie entdecken unabhängig voneinander noch einmal die Erbfaktoren und Vererbungsgesetze, die Jahrzehnte vorher der Augustinermönch Gregor Johann Mendel bei Kreuzungsversuchen von einfachen Erbmerkmalen mit Erbsen gefunden hatte. Tschermak erhält den entscheidenden Hinweis auf Mendel in einem Standardwerk des Bremer Arztes Wilhelm Olbers Focke über *Die Pflanzenmischlinge*. In der Wiener Universitätsbibliothek findet er Mendels Originalpublikation. Im Juni 1900 veröffentlicht er seine eigenen Ergebnisse in den *Berichten der Deutschen Botanischen Gesellschaft*. Es ist das Geburtsjahr der modernen Genetik. Im Dezember desselben Jahres stellt Max Planck seine Strahlungsformel für die sogenannte »schwarze Strahlung« vor, die eine der wichtigsten Konstanten der modernen Physik enthält, jenes erwähnte Wirkungsquantum. Planck erkannte, daß Energie nicht unendlich teilbar ist, sondern aus unvorstellbar kleinen Energiebündeln besteht, den Wirkungsquanten. Das Jahr 1900 ist somit auch das Geburtsjahr der Quantenphysik. Die Quantenphysik führte erstmals in der Geschichte der modernen Naturwissenschaften zu einem exakten und umfassenden Verständnis des Atombaus und der Materie. Damit wurde sie auch zum Schlüssel für das Verständnis des Aufbaus der wichtigsten organischen Moleküle: der Eiweiße (Proteine) und der Nukleinsäuren, mit denen wir uns im weiteren Verlauf näher beschäftigen müssen, wenn wir in die Geheimnisse des Lebens eindringen wollen. Was immer das zurückliegende 20. Jahrhundert sonst bedeutet hat, es war auch das Jahrhundert der Erkenntnis der genauen Struktur der toten Materie und der Lebewesen, die ausnahmslos aus ihr aufgebaut sind – zwei miteinander verwobene Geheimnisse unserer Welt, die über Jahrtausende ungelöst blieben.

Über die zeitliche Koinzidenz des Anfangs hinaus sollten Quantenphysik und Molekularbiologie auf eine merkwürdige Weise verbunden bleiben. Im historischen Ablauf hat gerade die Atomphysik entscheidende Anregungen gegeben, ohne die es in dieser vergleichsweise kurzen Zeit wohl kaum zur Entschlüsselung des menschlichen Genoms gekommen wäre. Beispielsweise sind die mit künstlicher Radioaktivität markierten biologischen Schlüsselmoleküle für die molekularbiologischen Experimente mit der Erbsubstanz unerläßlich, und das exakte Modell der DNS-Doppelhelix ist eine Folge der Anwendung der Quantenmechanik auf die Chemie der Lebensmoleküle.

In den 30er Jahren des vergangenen Jahrhunderts erforscht der Physiker und spätere Nobelpreisträger für Medizin, Max Delbrück, Schüler von Lise Meitner und Otto Hahn, die Erbfaktoren Mendels, die inzwischen Gene genannt werden, auf den Chromosomen der Fruchtfliege Drosophila. Auf die Vorzüge von Drosophila bei der Erbforschung gehe ich später noch ausführlich ein. Max Delbrück war von der Physik in die Biologie gegangen, weil er meinte, daß die komplizierten Vorgänge der lebendigen Phänomene nur von Physikern gelöst werden könnten. Otto Hahn, der Entdecker der Kernspaltung des Urans, bei dem das damals gerade entdeckte Neutron eine wesentliche Rolle spielt, erwähnt in seiner Autobiographie, daß es Max Delbrück war, der ihn erstmals auf die besondere Bedeutung der Neutronen in diesem Zusammenhang aufmerksam gemacht habe. Delbrücks Arbeit über »die Natur der Genmutation und der Genstruktur« regte den Physiker Erwin Schrödinger, Nobelpreisträger und neben Max Born und Werner Heisenberg Begründer der Quantenmechanik, an, über das Phänomen lebendiger Strukturen und das der Vererbung nachzudenken. In seinem Buch *Was ist Leben?*, 1944 erschienen, spricht

Schrödinger erstmals von einem in den Chromosomen festgelegten Code der Vererbung und hält die Proteine in den Chromosomen für die chemischen Träger der Vererbung. Er sieht in einem »nicht periodischen Code das vollständige Muster der zukünftigen Entwicklung eines Individuums« vorgegeben.

Erwin Schrödinger wurde 1927, nach seiner Entdeckung der Wellenmechanik, die als grundlegende Beschreibung der materiellen Welt angesehen werden kann, als Nachfolger von Max Planck nach Berlin berufen, auf den damals renommiertesten Lehrstuhl für Physik. Die Wellenmechanik ist der von Max Born und Werner Heisenberg entwickelten Quantenmechanik gleichwertig, läßt sich allerdings auf viel mehr Probleme der Atomphysik anwenden. Schrödingers Wellengleichung kann als Grundgleichung für die Beschreibung von Elementarteilchen angesehen werden. Unmittelbar nach der Machtergreifung Hitlers bat er um seine Entlassung, die »lange nicht beantwortet, dann abgeleugnet, zuletzt nicht angenommen wurde«, weil er, so berichtet er in *Mein Leben. Meine Weltansicht*, »inzwischen einen Nobelpreis für Physik erhalten hatte«. 1936 wurde er dann auf den Lehrstuhl für Physik nach Graz berufen. Als die Nationalsozialisten 1938 auch nach Österreich kamen, floh er nach Belgien, um dann 1940 in Dublin als einer der Direktoren das neu eingerichtete Institute for Advanced Studies zu leiten. Hier entstand auch sein Buch *Was ist Leben? Die lebende Zelle mit den Augen des Physikers betrachtet*, das aus einer Vortragsreihe hervorgegangen war. Die Geradlinigkeit und Offenheit gegenüber totalitären politischen Systemen legte er als Maßstab auch bei sich selber an. So schrieb er einmal, daß ihm, um ein echtes Lebensbild zu schaffen, die Anlage des Erzählers fehle und auch die Möglichkeit, weil »das Fortlassen der Beziehungen zu Frauen in meinem Falle eine große Lücke ergibt«. Er meinte, daß »in diesen Dingen kein Mensch wirklich ganz aufrichtig und wahrhaftig ist oder auch nur sein darf«.

Über die Chromosomen äußert er, daß »Menschen unserer Art nur durch das Zusammenwirken des Chromosomencodex und der kulturellen menschlichen Umgebung zustande kommen«. Eine Meinung, die sich durch die jüngsten Erkenntnisse über unser Genom als richtig erwiesen hat.

Wir wissen heute, daß Schrödingers Annahme eines »nicht periodischen Codes« den Kern der Informationsspeicherung im Genom ausmacht. Wäre die Basenbuchstaben-Reihenfolge nämlich periodisch, würde dies, auf die menschliche Buchstabenschrift übertragen, etwa so aussehen: ABCDABCDABCDABCD usw. Damit wäre eine umfangreiche und differenzierte Informationsspeicherung unmöglich. Im Genom dagegen finden sich Abschnitte von Basenbuchstaben, die periodisch Genbuchstabenfolgen wiederholen, sogenannte »kurze Wiederholungen«, über deren genaue Bedeutung man sich noch nicht im klaren ist. Allerdings gibt es Hinweise auf bestimmte regulatorische Funktionen. So findet sich beispielsweise bei einer Erbkrankheit, die zu geistiger Behinderung führt, »Fragile X Mental Retardation 1«, ein brüchiges X-Chromosom. Die DNS von Gesunden unterscheidet sich von Kranken nur durch die Anzahl der unterschiedlichen »kurzen Wiederholungen« von drei Genbuchstaben CGG. Bei Gesunden werden die drei Genbuchstaben CGG einige Dutzend Mal wiederholt, bei erkrankten Personen ist die Wiederholung erheblich länger, die Buchstabenreihenfolge taucht hundert- oder sogar tausendmal auf. Außerdem sind die »kurzen Wiederholungen«, wie später ausführlich gezeigt wird, die Grundlage für den »genetischen Fingerprint«, der z. B. in der Verbrechensaufklärung eine wesentliche Rolle spielt.

Im Zusammenhang mit dem historischen Ineinandergreifen von Quantenmechanik und Molekularbiologie muß schon jetzt auf ein häufig anzutreffendes Mißverständnis aufmerksam gemacht werden. Die ungeheuren Wandlungen des physikalischen Weltbildes im Ergebnis der Atomphysik in den 20er Jahren des letzten Jahrhunderts, der »Umsturz im Weltbild der Physik«, wirkten sich selbstverständlich auf die biologische Forschung aus. Die Nichtvoraussagbarkeit quantenphysikalischer Elementarereignisse, deren grundsätzliche Unbestimmtheit durch die Heisenbergsche Unschärferelation erklärt wurde, konnte gut herangezogen werden, um die damals nicht erkennbare

Ursache organischen Lebens zu begründen. Das Prinzip von Ursache und Wirkung gilt bei bestimmten Elementarprozessen nicht mehr, z.B. beim radioaktiven Zerfall von Atomen. Im Alltagsleben gehört zu einer bestimmten Wirkung immer auch eine bestimmte Ursache. Wenn ein Gegenstand, der eben noch auf dem Tisch gelegen hat, plötzlich dort nicht mehr liegt, muß es einen bestimmbaren Umstand, eine Ursache, gegeben haben, die ihn von dort entfernt hat. Im Bereich der Elementarteilchen – aber eben nur dort – gibt es keine eindeutige Beziehung mehr zwischen Ursache und Wirkung, ein Phänomen, das als »Nichtkausalität« bezeichnet wird. Das unerklärliche »Geheimnis des Lebens« schien eine solche Entsprechung zur Nichtkausalität der atomaren Verhältnisse zu sein. In der Konsequenz wären dann auch Lebensvorgänge im Einzelfall nicht determiniert und eben nicht kausal erforschbar. Eine verlockende Aussicht, das Problem jahrzehntelangen vergeblichen Bemühens zu lösen, daß das Leben in den 30er Jahren des letzten Jahrhunderts physikalisch-chemisch noch nicht hinreichend beschrieben werden konnte. Der Widerstreit zwischen Reduktionisten, die das Leben nur auf tote Moleküle zurückführen, und Vitalisten, die eine besondere »Lebenskraft« annehmen, wäre damit beigelegt, aber auch verwischt worden.

So ist die enge Verbindung von Quantenmechanik und Molekularbiologie aber hier nicht zu verstehen. Es stellte sich nämlich in den folgenden Jahren heraus, daß nicht Zufall und Beliebigkeit, sondern Stabilität, die auf organisierten Systemen beruht, den biologischen Vorgängen und ihrer Regulation zugrunde liegt. Deshalb vertrat Erwin Schrödinger die Auffassung, daß die »Unbestimmtheit der Quanten keine biologisch wesentliche Rolle spielt«. Die Entdeckung der DNS und ihrer biologischen Funktion bedeutete schließlich, wie Max Delbrück es 1981 formulierte, die »Auflösung aller Wunder in Form von klassisch mechanischen Modellen, und keinerlei Verzicht auf unsere gewohnten intuitiven Erfahrungen« und, so könnte man hinzufügen, auf die Kausalität.

Erwin Schrödingers Buch *Was ist Leben?* regt den englischen Physiker Francis Crick und, unabhängig von ihm, den damals 16jährigen amerikanischen Schüler James Watson an, sich Gedanken über das Wesen der Vererbung zu machen und darüber, wie man dem Geheimnis der Gene auf die Spur kommen könne. Das Entscheidende in der wissenschaftlichen Forschung ist, Fragen zu stellen, die nicht nur relevant sein müssen, sondern auch beantwortet werden können. Der Physiker Ludwig Boltzmann, Entdecker der beiden Hauptsätze der Thermodynamik, deren zweiten Albert Einstein für die wichtigste Aussage der gesamten Physik hielt, sprach gegen Ende des 19. Jahrhunderts davon, daß der Wissenschaftler nicht danach fragen solle, »welches die gegenwärtig wichtigste Frage in der Wissenschaft« sei, sondern, »welche Frage kann ich zur Zeit beantworten«. Wenige Jahre nach Erscheinen von Schrödingers Buch stellen Watson und Crick im Jahre 1953 mit Hilfe der quantenphysikalischen Gesetzmäßigkeiten, die den chemischen Bindungen der Vererbungsmoleküle zugrunde liegen, die räumliche Struktur der Erbsubstanz als Doppelhelix dar und beantworten damit nicht nur die wichtigste Frage dieser Zeit, sondern auch der folgenden Jahrzehnte. »Helix«, in seiner griechischen Bedeutung »Windung«, steht hier für die Form der wendeltreppenartig umeinander geschlungenen zwei DNS-Stränge. In ihrem Innern beherbergen sie die genetische Code-Botschaft. Der genetische Code ist, wie die menschliche Schrift, aus linear aneinandergereihten chemischen Buchstaben aufgebaut. Watson und Crick beschrieben ein biochemisches Modell, das allen Anforderungen der identischen Selbstverdoppelung als Voraussetzung für Vererbung gerecht wird. Der molekulare Mechanismus der Vererbung war gefunden.

In den folgenden Jahren wird das Modell der Doppelhelix immer wieder bestätigt. Der Atomphysiker George Gamow, einer der Begründer der astrophysikalischen Urknalltheorie, vermutet, daß der von Schrödinger postulierte Verschlüsselungscode aus drei Genbuchstaben, dem Triplet-Code, besteht. Nach der Entschlüsselung des genetischen Codes in den 60er Jahren des letzten Jahrhunderts, die zeigt, daß dieser tatsächlich aus drei Genbuchstaben besteht, gelingt es, die

DNS-Stränge in reproduzierbare Abschnitte zu zerschneiden und die einzelnen Abschnitte zu vervielfältigen. Die richtige Buchstabenfolge in den einzelnen Genabschnitten kann jetzt ermittelt werden. Alle Genabschnitte aneinandergereiht enthalten schließlich die vollständige Buchstabenreihenfolge, die Sequenz der gesamten Code-Botschaft. Die genaue Sequenz der 3,2 Milliarden Genbuchstaben aller 23 Chromosomen des menschlichen Erbguts liegt nun vor. Jedes einzelne Chromosom besteht aus einem einzigen, nicht unterbrochenen Doppelstrang-DNS-Molekül, das sich über die gesamte Länge des Chromosoms erstreckt. Würde man jeden der DNS-Doppelstränge der 23 Chromosomen End zu End aneinanderlegen, ergäbe das eine Gesamtlänge von etwa einem Meter.

Abschließend noch eine Bemerkung zu den wissenschaftlichen Fachbegriffen, die notwendigerweise immer herangezogen werden müssen. Eine zunehmend von naturwissenschaftlichen Erkenntnissen beherrschte Welt kann auf ein besonderes Idiom immer weniger verzichten. Wir werden mit dieser Sprache zukünftig vermutlich genauso sicher und selbstverständlich umgehen wie mit dem Idiom der kulturellen Bildungs- und Wissensinhalte früherer Jahrhunderte. In den ersten Jahren des 20. Jahrhunderts war Deutsch die unumstrittene Wissenschaftssprache, wie das Latein im Mittelalter. Die grundlegenden Veröffentlichungen in der Relativitätstheorie, der Quantentheorie und der Biologie erschienen in deutschen Wissenschaftsjournalen. Nach dem Zweiten Weltkrieg und besonders in den zurückliegenden Jahrzehnten ist die englische Sprache zur Umgangssprache der wissenschaftlichen Gemeinschaft geworden. In der Biologie wurde dieser allgemeine Trend noch beschleunigt und vertieft durch den Umstand, daß in der zweiten Hälfte des 20. Jahrhunderts fast alle wegweisenden Innovationen auf dem Gebiet der Molekularbiologie aus dem anglo-amerikanischen Sprachraum gekommen sind. Allerdings muß man zugeben, daß die englische Sprache mit ihrer Stringenz und Präzision der Forderung nach nüchterner Beschreibung entgegenkommt. Von Kritikern wird aber auch immer wieder angeführt, daß das Englische eine schöne und reiche Sprache war, bevor es der Forschergeist in ein Korsett schnürte, indem er es zum Zwangsidiom wissenschaftlicher Mitteilungen machte. Es wird gleichwohl unvermeidlich sein, zunächst etwas merkwürdig klingende »Verdeutschungen« einzuführen, die aber im Wissenschaftsbereich bald die Funktion von Lehnwörtern übernehmen werden. Der bedeutendste und häufigste Begriff der Erbsubstanz, Desoxyribonukleinsäure, wird als DNS abgekürzt. In den Medien und in der populärwissenschaftlichen Literatur findet sich gelegentlich DNA, weil Säure im Englischen »acid« heißt, so daß DNA für Desoxyribonucleic »acid« steht.

Vorläufer im 19. Jahrhundert:
Charles Darwin und Gregor Mendel

Die Bedeutung von Charles Darwins 1859 erschienenem Werk *Der Ursprung der Arten durch natürliche Auswahl* liegt in seinen zahlreichen biologischen Beweisen dafür, daß auch die Welt der Lebewesen einheitlichen natürlichen Ursachen und Gesetzen unterliegt. Die erste Auflage von 1250 Exemplaren war schon am Tag des Erscheinens vergriffen. Sein zweites großes Werk, *Die Abstammung des Menschen*, veröffentlichte er 1871. Die physikalischen Gesetze unterscheiden nicht, so vermutete Darwin, zwischen lebendiger und toter Materie. Wir wissen heute, daß er damit recht hatte. Er wird damit zu einem zweiten Newton, der gezeigt hatte, daß die physikalischen Gesetze nicht zwischen den Vorgängen auf der Erde und denen am Himmel unterscheiden. *Der Ursprung der Arten* wurde in seiner Bedeutung und Wirkung auch sogleich mit der von Isaak Newtons Hauptwerk *Principia Mathematica philosophiae naturalis* verglichen. In diesem Werk beschreibt Newton erstmals exakt die Gravitationsgesetze. Es war Darwins feste Überzeugung, daß alle Lebewesen über eine lange Vererbungskette von der fernsten Vergangenheit bis zur Gegenwart miteinander verbunden sind. Die außerordentliche Schwierigkeit, vor die er sich gestellt sah, lag darin, herauszufinden, auf welche Art und Weise die unendliche Vielfalt der Organismen, innerhalb der bekannten geologischen Zeiträume, entstanden sein könnte. Für Darwin erschwerend kam die Tatsache hinzu, daß das Alter der Erde deutlich jünger angenommen wurde als heute. Im 17. Jahrhundert hatte Bischof James Usher, basierend auf biblischer Zahlenmystik, die Schöpfung der

Erde auf das Jahr 4004 vor Christus festgelegt. Schon Jahre vorher hatten die Geologen beweisen können, daß die fossilen Lebewesen älter sein mußten als die Erde selber, ein Ergebnis, das erstaunlicherweise keine kirchlichen Proteste nach sich gezogen hatte. Wenn aber die Geologen recht hatten und Darwins Annahme richtig war, dann mußte das Datum der Erdschöpfung auch schon deshalb falsch sein, weil die Evolution nicht genügend Zeit gehabt hätte, die Artenvielfalt des Biokosmos hervorzubringen. Um seine Hypothese zu beweisen, zeichnete Darwin nicht nur ein vollständig neues Bild der Arbeitsweise der belebten Natur; er revolutionierte auch unsere Denk- und Betrachtungsweisen der lebendigen Ordnung. Seine Erkenntnis, daß unsichtbare, »kleine« zufällige Veränderungen zu dem führen, was wir als Evolution wahrnehmen können, war ein bedeutender Schritt zur Erforschung der Lebensvorgänge und leitet die biologische Forschung bis auf den heutigen Tag. Aber Darwin ging noch weiter: Der Mensch mußte von den Tieren abstammen. Die moderne Molekularbiologie bestätigte später beide Erkenntnisse, die Darwin an den makroskopisch sichtbaren Veränderungen der Lebewesen abgeleitet hatte, durch die ihnen zugrundeliegenden »kleinen« molekularen Veränderungen an den Genbuchstaben (Genmutationen) und an den verwandtschaftlichen Beziehungen der Lebewesen untereinander, die man auch auf der mikroskopischen Ebene der Gene nachweisen kann. Wir werden sehen, daß die Evolution der Lebewesen auf winzigen molekularen Veränderungen beruht, die sich über lange Zeiträume an den Genen vollziehen.

Darwins Schlußfolgerung, daß der Mensch als Säugetier das Endglied in der langen Evolutionskette der Lebewesen ist, hat zu heftigsten Verleumdungen und Anfeindungen geführt. Seit einigen Jahren kann die Molekularbiologie, wie zuvor die Paläontologie, zweifelsfrei beweisen, daß wir mit den Affen zu 98,5 Prozent und noch mit der Fruchtfliege *Drosophila* zu 50 Prozent übereinstimmen. Was uns dennoch von den Affen so grundlegend unterscheidet und welches die weiteren philosophischen Konsequenzen aus diesen neuen Tatsachen der Biologie sind, darüber müssen wir ebenso neu nachdenken wie die Zeitgenossen über Darwins neue Erkenntnisse um die Mitte des 19. Jahrhunderts. Die schockierende Wirkung auf Darwins Zeitgenossen können wir heute ebensowenig nachvollziehen, wie spätere Generationen die Wirkung der Gentechnik auf uns werden nachvollziehen können.

Als der Augustinermönch Gregor Johann Mendel zu eben dieser Zeit, zwischen 1855 und 1864, im Garten des Augustinerklosters Alt-Brünn in Mähren Kreuzungsversuche mit der gemeinen Gartenerbse (Pisum sativum) durchführte, konnte er nicht ahnen, daß er damit zum Vater der modernen Vererbungslehre werden würde. Mendel war Lehrer für Naturlehre an der Oberrealschule Brünn gewesen und später Abt des Klosters geworden. Zuvor hatte er Mathematik und Griechische Sprache am Gymnasium in Znaim unterrichtet. Die Zusammenführung von antikem Geist, mathematischer Grundhaltung und katholischer Geistlichkeit ist bezeichnend für 500 Jahre moderner Naturwissenschaften im Abendland. Ebenso war die antike Naturphilosophie eine Synthese aus ganzheitlicher Naturschau und philosophisch-künstlerischer sowie mathematisch-analytischer Naturerkenntnis.

Für die Biologie war Mendels Ansatz insofern grundlegend und neu, als er eine konsequente Versuchsanordnung einführte: Vergleichsweise einfache Lebensformen, die Gartenerbse, und einfache Merkmale, beispielsweise die Blütenfarben, werden untersucht, um dem komplizierten Geheimnis des Lebens näherzukommen. Die Fortführung dieser Betrachtungsweise und das Zurückgehen auf noch einfachere Lebensformen in der biologischen Forschung des 20. Jahrhunderts, Reduktionismus genannt, führte dann zur Entschlüsselung der Erbinformation und brachte uns dem Geheimnis des Lebens einen Schritt näher.

Mendel war überzeugt, daß Aussagen über das komplizierte Problem der Vererbung nur durch genetische Experimente an weniger komplizierten Versuchsobjekten als den höheren Säugetieren gemacht werden können. Möglicherweise ging er, ohne bis dahin von Darwin gehört zu haben, ebenfalls von einer geheimen Verwandtschaft aller lebendigen Erscheinungen auf der Erde aus. Die Gartenerbse zeichnete sich durch definierte, gut zu untersuchende genetische Eigenschaften aus: Farbe der Blütenblätter, Form und Farbe der Samen und Form und Farbe der Schoten beispielsweise. Außerdem konnte Mendel unter den günstigen klimatischen Bedingungen in einem Gewächshaus mehrere Generationen von Erbsen innerhalb eines Jahres züchten. Diese Methode ist im Verlauf der folgenden 150 Jahre, namentlich durch neue technische Untersuchungsmöglichkeiten, erweitert und verfeinert worden. Bei späteren Untersuchungen an Bakterien ließen sich 10 bis 20 Generationen an einem einzigen Tag züchten.

Außerdem führte er als erster eine streng quantitative Methode in die Biologie ein. Er zählte nach der Kreuzung eines reinerbigen Merkmals, rote Blütenfarbe, mit einem anderen reinerbigen Merkmal, weiße Blütenfarbe, die Erbeigenschaften der Nachkommen durch und stieß dabei auf einfache, aber eindeutige mathematische Gesetzmäßigkeiten, die als »Mendelsche Regeln der Vererbung« in die Biologie eingingen. Mendel fand unveränderliche Eigenschaften, die er Erbfaktoren nannte. Diese Erbfaktoren zeigten sich bei beistimmten Erbgängen in der nachfolgenden Generation plötzlich nicht mehr, um in der darauffolgenden Generation jedoch wieder aufzutreten. Außerdem mußte nach seinen Untersuchungen jeder elterliche Erbfaktor doppelt vorhanden sein, um sich bei der Vererbung aufspalten zu können und sich dann mit dem anderen, ebenfalls aufgespaltenen elterlichen Erbfaktor nach festen mathematischen Regeln zu mischen. Jeder einzelne Erbfaktor gelangt von einer Generation in die nächste und kann sich unverändert durch viele Generationen ziehen.

Daß Mendels Erkenntnisse, die er 1865 unter dem Titel »Versuche über Pflanzenhybriden« in den *Verhandlungen des naturforschenden Vereins Brünn* veröffentlicht hatte, in den nachfolgenden Jahrzehnten in Vergessenheit gerieten, ist auf ein Paradigma der Vererbungslehre in diesen Jahren zurückzuführen. Die wissenschaftliche Gemeinschaft der Biologen wollte einfach nicht zur Kenntnis nehmen, daß der

»geheimnisvolle« Vorgang der Vererbung nicht zwischen Gartenerbsen und Menschen unterscheidet und sich dazu noch auf einfache mathematische Regeln reduzieren läßt. Wir werden im Laufe unserer Geschichte noch auf ein weiteres genetisches Paradigma stoßen, das gleichfalls den Fortschritt der wissenschaftlichen Erkenntnis einige Jahre behindert hat. Aber auch das gehört zur Geschichte der Wissenschaft.

Mendel nahm eine Reihe wichtiger Erkenntnisse der späteren biologischen Forschung vorweg, die zeigen konnte, daß es tatsächlich vor jedem Vererbungsschritt zu einer Aufspaltung der Erbträger, die man später Chromosomen nannte, kommt. In moderner Terminologie waren Mendels Erbfaktoren die Gene auf den Chromosomen, die sich tatsächlich nicht nur durch viele Generationen, sondern durch die gesamte biologische Evolution ziehen. Mendel hatte, ohne es zu ahnen, das Verhalten der Gene auf den Chromosomen entdeckt und beschrieben.

Bemerkenswerterweise wurde der Ausdruck »Genetik« auf dem 3. Internationalen Kongreß für »Pflanzenhybride« in London (1906) von William Bateson, einem Professor für Biologie an der Universität Cambridge, geprägt. Er sagte zur Begrüßung:

»Die Wissenschaft hat noch keinen Namen, wir können die Art unserer Arbeit nur durch umständliche und oft mißbräuchliche Umschreibungen wiedergeben. Um diese Schwierigkeiten zu beseitigen, schlage ich dem Kongreß den Ausdruck *Genetik* vor, der hinreichend zu erkennen gibt, daß unsere Arbeiten der Aufhellung der Erscheinungen der Vererbung und Variation gewidmet sind.« Der Ausdruck »Aufhellung« erinnert an den 150 Jahre zuvor geprägten Begriff der »Aufklärung« und war im naturwissenschaftlichen Sinne wohl auch so zu verstehen. Es war, in Anlehnung an Kant, die Befreiung des Menschen aus der Unwissenheit und Voreingenommenheit über seine biologische Herkunft. Schon vier Jahre zuvor, 1902, hatte Bateson Mendels bahnbrechende Entdeckung unter der Überschrift *Mendels Prinzipien der Vererbung: eine Verteidigung* in England publik gemacht.

Im historischen Rückblick werden zu Beginn des 20. Jahrhunderts die grundlegenden Arbeiten veröffentlicht, die erstmals zu einer umfassenden Erklärung der naturwissenschaftlichen Welt führen sollten: der belebten und der unbelebten gleichermaßen. Der Österreicher Erich von Tschermak stellte, angeregt von Charles Darwin und von Mendels Originalpublikation in der Wiener Universitätsbibliothek, Versuche über Pflanzenhybride bei Erbsen an und konnte die Ergebnisse Mendels bestätigen. Die Resultate gab er am 2. Juni 1900 an die Redaktion der *Berichte der Deutschen Botanischen Gesellschaft*. Noch während der Druckkorrekturen wurde er von den Veröffentlichungen von Hugo de Vries in Amsterdam und Karl Erich Correns in Berlin-Dahlem überrascht, die zu denselben Ergebnissen gekommen waren. Die Aufsätze der drei Forscher erschienen im selben Band der *Deutschen botanischen Gesellschaft*.

Im selben Jahr, am 14. Dezember 1900, stellte Max Planck in Berlin-Dahlem auf einer Sitzung der *Deutschen Physikalischen Gesellschaft* die von ihm gefundene Strahlungsformel für »schwarze Strahlung« vor. Sie enthielt das Wirkungsquantum, eine der universellen Konstanten der Physik. Es war der »Geburtstag der Quantentheorie«, die im Verlauf der folgenden Jahre erstmals eine exakte Beschreibung der Materie liefern sollte. Historisch betrachtet sind also Quantentheorie und moderne Genetik verbunden. Und das sollte, wie schon angedeutet, auch so bleiben.

Es ist bezeichnend, daß in den ersten Jahren der gleich dreifachen Wiederentdeckung der genetischen Gesetze Mendels die Evolutionsvorstellungen Darwins nicht nur in den Hintergrund gedrängt, sondern bisweilen auch noch als falsch bezeichnet wurden. Diese Fehleinschätzung zu Beginn des 20. Jahrhunderts beruhte auf einer einseitigen Interpretation der Darwinschen Vorstellungen und auf einem damals gängigen wissenschaftlichen Paradigma, das vornehmlich die neue Genetik würdigte und den Evolutionsgedanken vernachlässigte. Eine überzeugende Zusammenführung von Genetik und Evolutionstheorie gelang 1937 Theodosius Dobzhansky, Professor für Genetik am California Institute of Technology (Caltech) in Pasadena, USA, das für unser Thema immer wieder herausragende Bedeutung haben wird. Alle entscheidenden Gedanken und wissenschaftlichen Experimente, die grundlegend für die Erkenntnis der genauen Struktur des genetischen Materials werden sollten, kamen aus diesem Institut. Frei von allen Lehrverpflichtungen und gängigen Lehrmeinungen konnte sich in diesem offenen Klima an der Westküste Amerikas nahe Los Angeles eine wissenschaftliche Grundhaltung entwickeln, die auf vielen Gebieten neue Denkansätze lieferte. Auf dem nahe gelegenen Mount Wilson stand das gleichnamige Observatorium, welches das damals größte Spiegelteleskop der Welt beherbergte. Mit diesem Teleskop hatte Edwin P. Hubble die Galaxienflucht des auseinanderfliegenden Universums bewiesen, einer der ersten Hinweise auf den astrophysikalischen Urknall. Der bedeutendste Chemiker des 20. Jahrhunderts, Linus Pauling, erarbeitete hier die Grundlagen für die genaue chemische Struktur der biologischen Makromoleküle. Max Delbrück stieß mit der Einführung der Viren als genetische Versuchsobjekte bis an die Wurzeln der Lebenserscheinungen vor; der theoretische Physiker Richard Feynman entwickelte hier die Grundlagen der Quantenelektrodynamik, die man als den krönenden Abschluß der Quantenmechanik ansehen kann, und schließlich war es das Caltech, an dem der theoretische Physiker Murray Gell-Man die Theorie der Quarks als letzte Bausteine der Materie entwickelte.

Dobzhanskys *Genetic and the Origin of Species* überwand schon im Titel, sozusagen mit einem Schlag, die Widersprüche zwischen genetischen und evolutionsbiologisch-darwinschen Vorstellungen. Das Buch verbindet die neue Genetik mit dem Titel des Darwinschen Hauptwerkes und zeigt, daß im Mittelpunkt evolutionsbiologischer Forschung Populationen stehen und nicht Individuen.

Kritische Darwinisten nahmen mit Erleichterung zur Kenntnis, daß eine von dramatischen (»Überleben des Tüchtigsten«) und mißbräuchlichen (»Kampf ums Dasein«) Formulierungen befreite Selektionstheorie sich auf Darwin als den Mann berief, der die einfache, aber geniale Idee gehabt hatte, daß verschieden ausgestattete Individuen im Fortpflanzungserfolg variieren.

Der Augustinermönch und Abt Gregor Mendel und Jahrzehnte später Max Planck, Kirchenältester seiner Gemeinde in Berlin-Dahlem, demonstrieren eindrucksvoll eine charakteristische geistige Grundhaltung der naturwissenschaftlichen Forschung des Abendlandes: Die Natur wird, im Gegensatz zur Antike, dem wissenschaftlichen Experiment unterzogen; Erkenntnisse werden nicht mehr allein durch philosophische Ableitungen gewonnen. Und obwohl die Resultate, sowohl der Forschung Mendels als auch der Plancks, zu einer Erklärung der unbelebten und der belebten Welt führen, die vollständig ohne göttliches Einwirken auskommen kann, hat das Naturwissenschaftler in ihrem Glauben nie irritiert. Es kommt zu einer »intrapsychischen Distanzierung«, d. h. der Glaube, der dem wissenschaftlichen Resultat diametral gegenübersteht, ist über den naturwissenschaftlichen Gegensatz erhaben.

Obwohl es beständige Erbfaktoren geben muß, die sich vor jedem Vererbungsvorgang aufspalten und in neuer Kombination in der nachfolgenden Generation wieder auftauchen, verlief die Vererbung unterschiedlicher Erbfaktoren keineswegs zufällig, sondern unterlag festen mathematischen Gesetzmäßigkeiten. Unbekannt war nur, wie das materielle Substrat auf der zellulären Ebene aussah und in welchen Strukturen die Erbfaktoren zu suchen waren.

Die arteigentümliche Konstanz der Chromosomenzahl, die charakteristische individuelle Struktur einzelner Chromosomen sowie ihre Verdoppelung und Längsteilung vor der Kernteilung machten sie für die Zellbiologen zu Kandidaten der Erbinformation. Ihre Individualität und Kontinuität wurde als Grundlage für die Vererbung angesehen. August Friedrich Leopold Weismann, der in Göttingen Medizin studierte und später zeitweilig praktischer Arzt in Frankfurt a. M. war, stellte 1887 die Bedeutung der Chromosomen heraus: *Über die Zahl der Richtungskörper und über ihre Bedeutung für die Vererbung.* Um eine Verdoppelung der »Masse des Keimplasmas«, der Chromosomen, zu vermeiden, forderte Weismann zunächst hypothetisch eine in jeder Generation sich wiederholende Reduktion der Zahl der Keimplasmen, die spätere Reduktionsteilung der Chromosomen in den Keimzellen. Die Vererbungsträger mußten die Eigenschaft besitzen, die vollständige Information für Aufbau, Funktion und Entwicklung eines Lebewesens in chemisch stabiler Form von einer Zellgeneration an die folgende weiterzugeben. Die Zellbiologen erkannten schon bald, daß es Gebilde in den Zellkernen gibt, die für jede Spezies von charakteristischer Anzahl und Form sind und die sich mit Farbstoffen anfärben ließen: Sie nannten sie daher Chromosomen, ein Begriff, der aus der Vereinigung der griechischen Wörter für Farbe und Körper stammt. Die Bezeichnung »Chromosom« prägte der deutsche Arzt und Pathologe Wilhelm Waldeyer, nach dem der Waldeyersche Rachenring seinen Namen hat. Das für die frühe Immunabwehr unerläßliche lymphatische Gewebe dieses Rachenrings ist die Ursache für unsere häufig schmerzhaften frühkindlichen Erfahrungen mit den Hals-Nasen-Ohren-Ärzten. Im Jahre 1888 hatte Waldeyer erstmals die Kernfäden in den Zellen mit einem Farbstoff, dem sauren Hämalaun, leuchtendblau gefärbt. Diese leuchtendblauen Farbkörper waren die gesuchten vererbbaren Einheiten. Ein individueller Chromosomensatz, die Visitenkarte einer einzelnen Zelle, verdoppelt sich vor jeder normalen Zellteilung, und je eine Hälfte verteilt sich dann auf Mutter- und Tochterzelle. Bei den Keimzellen, der mütterlichen Eizelle und der väterlichen Spermazelle, kommt es dann zu einer Verminderung, d. h. Reduktion, der Chromosomenzahl, der sogenannten »Reduktionsteilung«, damit nach der Verschmelzung von Eizelle und Sperma wieder die ursprüngliche Chromosomenzahl erhalten bleibt.

Der Würzburger Zoologe und Anatom Theodor Boveri zeigte 1902, daß die Weitergabe der Chromosomen von einer Generation an die folgende genau dem Muster der Verteilung der Erbfaktoren entsprach, die Gregor Mendel beschrieben hatte. Außerdem stellte Boveri an befruchteten Seeigel-Eiern die Korrespondenz zwischen Chromosomenabweichung und Gestaltabweichung fest. Zu derselben Zeit, zu der Mendel seine Experimente mit Erbsen anstellte, hatten sich nämlich die deutschen Zoologen Oscar und Richard Hertwig zusammen mit Ernst Haeckel auf den Weg nach Messina gemacht, um die Befruchtung an Seeigel-Eiern zu untersuchen, die dort in beliebiger Menge zur Verfügung standen. Mit dieser Entscheidung hatten sie die denkbar beste Objektwahl getroffen, denn die fast durchsichtigen Eier konnte man leicht künstlich befruchten. Oscar Hertwig war aufgefallen, daß nur wenige Minuten nach der Vermischung von Eiern und Spermien ein an der Eioberfläche gelegener heller Fleck sichtbar wurde, in dessen Mitte ein kleiner, homogener Körper lag. Dieser Körper und der Zellkern der Eizelle bewegten sich rasch aufeinander zu, um schließlich ganz zu verschmelzen. In der Vereinigung des weiblichen Eikerns mit dem männlichen Spermakern erkannte er das wesentliche Ereignis der Befruchtung.

Die Seeigel-Eier von der Küste Siziliens hatte Theodor Boveri als Assistent von Richard Hertwig an der Universität München kennengelernt. Für die individuelle Chromosomenabweichung prägte er den Begriff »Genotyp«, für die Gestaltabweichung den Begriff »Phänotyp«. Er folgerte, daß »die einzelnen Chromosomen verschiedene Qualitäten besitzen müssen«. Ebenfalls im Jahre 1902 vermutete der amerikanische Arzt und Biologe Walter Stanborough Sutton aufgrund des paarweisen Auftretens morphologisch identischer Chromosomen ihren qualitativen Zusammenhang mit den Merkmalen der Organismen und ihre Spaltung im Erbgang. Das zelluläre Substrat der von Mendel entdeckten Spaltungsregel war damit gefunden, die von ihm postulierten Erbfaktoren mußten auf den Chromosomen liegen. Die »Chromosomentheorie der Vererbung« war geboren.

Nach der Wiederentdeckung der Mendelschen Vererbungsgesetze ergaben sich einige grundsätzliche Fragen und Probleme. Waren die an Pflanzen gewonnenen Erkenntnisse auch auf Tiere übertragbar? Gab es ein biologisches System, das eine wesentlich kürzere Generationszeit hatte als die Erbsenpflanzen, um die Gesetzmäßigkeiten ausführlicher zu untersuchen?

Der bereits erwähnte englische Biologe William Bateson erbrachte 1902 durch Versuche mit Hühnern den ersten Beweis dafür, daß die Mendelschen Gesetze auch auf Tiere anwendbar sind. Der Amerikaner W.C. Farabee beschrieb 1903 in seiner Dissertation, daß die Mendelschen Vererbungsgesetze auch für den Menschen gelten. Dazu hatte er die beim Menschen vorkommende anormale Kurz- und Dickfingerigkeit an großen Familienstammbäumen untersucht. Im Jahre 1909 ersetzte schließlich der dänische Botaniker Wilhelm Johannsen den Begriff Erbfaktor durch den heute gebräuchlichen und geläufigen Begriff »Gen«.

Die »schwarzbauchige« Fruchtfliege *Drosophila melanogaster*, mit einer Generationszeit von wenigen Tagen, bot ideale Voraussetzungen für genetische Experimente. *Drosophila* erleichterte die Arbeit der Genetiker ganz wesentlich, sie wurde das genetische »Versuchskaninchen«, bevor man Bakterien und Viren nahm: geringster Raumbedarf bei denkbar billigster Haltung – mehrere hundert Fliegen konnten zu Versuchszwecken bequem in einem Einweckglas untergebracht werden – in bisher unerreichbaren Zahlen; ein hochentwickelter Organismus mit reicher Merkmalsbildung, extrem kurzer Generationsdauer und nur vier, leicht unterscheidbaren, Chromosomen. Später sollte sich noch eine geradezu einzigartige, nur bei Fliegen vorkommende Besonderheit herausstellen: die ideal zu untersuchenden Riesenchromosomen der Speicheldrüse. Außerdem gab es eine Anzahl von gut definierten unterschiedlichen Erbmerkmalen: Augenfarbe, Flügellänge und Anzahl der Beine beispielsweise. Jede Fliege besitzt einen Satz von vier Chromosomenpaaren, von denen drei bei allen Tieren identisch sind, lediglich das vierte Geschlechtschromosom unterscheidet sich: Weibliche Tiere besitzen zwei X-Chromosomen, männliche ein X- und ein Y-Chromosom. Das Geschlechtschromosom ist ein Chromosom, das in den beiden Geschlechtern unterschiedlich ist. In den meisten der untersuchten Organismen besitzt ein Geschlecht ein Paar identischer X-Chromosomen. Das andere Geschlecht besitzt ein Paar unterschiedlicher Chromosomen: Eines bezeichnet man als X-Chromosom und das zweite, strukturell und funktionell unterschiedliche, als Y-Chromosom. Gewöhnlich ist das XX-Geschlecht weiblich und das XY-Geschlecht männlich. Das weibliche X-Chromosom des Menschen ist wesentlich größer, und es finden sich darauf deutlich mehr Gene als auf dem männlichen Y-Chromosom. Bestimmte Gene auf dem X-Chromosom, die beim Menschen und *Drosophila* identisch sind, legen beispielsweise sehr frühzeitig in der Entwicklung die genauen dreidimensionalen räumlichen Koordinaten für das spätere Individuum fest. Damit bestimmt das mütterliche Chromosom frühzeitig, in welche Richtung das neue Individuum zu gehen hat, »wo es eigentlich entlanggeht«. Die Identität dieser Gene zeigt erneut, daß die präzise räumliche Struktur eine grundlegende Funktion in der Welt des Lebendigen erfüllt.

Eine Arbeitsgruppe um den Biologen Thomas Hunt Morgan in New York untersuchte in den ersten Jahrzehnten des 20. Jahrhunderts Kreuzungen definierter genetischer Eigenschaften bei *Drosophila*. Schon um 1910 wies auch er auf die entscheidende Rolle der Chromosomen als Träger der Vererbung hin, wofür ihm 1933 der Nobelpreis für Physiologie/Medizin verliehen wurde. In den 30er Jahren verließ Morgan New York und ging nach Kalifornien an das Caltech. Zuvor hatte er durch Untersuchung des Erbganges der Weißäugigkeit bei *Drosophila* entdeckt, daß es zu Ausnahmen von den Mendelschen Regeln kommen kann. Die systematische Untersuchung dieser außergewöhnlichen Erscheinung führte zur Entdeckung des weiblichen X-Chromosoms und damit erstmals zur genauen Erklärung für einen geschlechtsgebundenen Erbgang, wie er bei der menschlichen Bluterkrankheit zuvor schon aufgefallen war. Morgans Pionierarbeit bei der Untersuchung der Chromosomen, Genotyp, und den äußerlich sichtbaren Eigenschaften, Phänotyp, bei *Drosophila* war ein bedeutender Hinweis für die »Chromosomentheorie der Vererbung«, aber immer noch kein endgültiger Beweis. Morgan kam zu folgenden Ergebnissen: Die Gene liegen tatsächlich auf den Chromosomen. – Chromosomen sind lineare Anordnungen von Genen. – Mutationen sind physikalische Veränderungen von Genen oder innerhalb der Gene. – Es gibt einen normalen Austausch von Chromosomenabschnitten, später »Crossing over« genannt, vor jeder Zellteilung.

Hieraus ergab sich, daß Aussagen über die chemische Natur der Gene und ihre Wirkweise unmittelbar mit dem Aufbau und der Zusammensetzung der Chromosomen zu tun haben müssen. Sämtliche Chromosomen aller Tier- und Pflanzenarten finden sich ausschließlich im Zellkern und bestehen chemisch aus zwei Gruppen von organischen Riesenmolekülen: Nukleinsäuren (Kernsäuren) und Proteine (Eiweiße). Daher ist eine genauere Kenntnis dieser beiden »Lebensmoleküle« für das Verständnis grundlegender lebendiger Vorgänge notwendig; alle weiteren Erkenntnisse über Erbgut, Vererbung und Genmanipulation ergeben sich dann wie von selbst. Wir beginnen mit den Proteinen.

Die bunte Welt der Eiweiße

Die Chromosomen, von denen man in den 30er Jahren des letzten Jahrhunderts annahm, sie seien die Träger der Erbsubstanz, bestehen aus Protein und Nukleinsäure, genauer Desoxyribonukleinsäure (DNS). Für das Verständnis der Vererbung ist es notwendig, die chemische Struktur dieser beiden entscheidenden Lebensmoleküle zu kennen. Allein aus ihrem Aufbau ergeben sich alle weiteren Erklärungen über Leben und Vererbung wie von selbst. An der Struktur der Proteine sind die vielfältigen Funktionen, die sie innerhalb der lebendigen Welt einnehmen, ablesbar, ebenso ihre Bedeutung für die Gentechnologie. Die Molekularbiologie hat in den zurückliegenden Jahrzehnten immer wieder zeigen können, daß sich allein aus der räumlichen Struktur der Proteine ihre äußerst vielfältigen Funktionen in der gesamten Welt des Lebendigen herleiten. Den teilweise komplexen räumlichen Strukturen liegt jedoch, was man in den 30er Jahren noch nicht wissen konnte, ein überaus simples Bauprinzip zugrunde. Hat man sich einmal der kleinen Mühe unterzogen, sich die elementarsten Grundkenntnisse klarzumachen, führt das zu einem Verständnissprung innerhalb der gesamten Biologie, namentlich aber der Vererbung; das gilt auch für die Nukleinsäuren.

Die Vielfalt der Lebewesen: der Bakterien, Würmer und Insekten, der Reptilien, Vögel und Säugetiere, die man mit Charles Darwin als »das Königreich der Tiere« bezeichnen kann, setzt sich aus einer ungeheuren Menge von Proteinen zusammen. In einer einzigen Leberzelle, als Beispiel einer typischen Säugetierzelle, finden sich insgesamt ungefähr 8 Milliarden Proteinmoleküle von etwa 10 000 unterschiedlichen

Sorten. Beim Aufbau dieses Biokosmos geht die Natur nach dem Baukastenprinzip vor: Die unterschiedlichen Proteine bestehen ausnahmslos aus nur 20 kleinen Bausteinen, den Aminosäuren. Daß die Vielzahl der Funktionen auf so wenigen kleinen Untereinheiten beruht, den Monomeren, macht die Proteine zu den bemerkenswertesten Molekülen des Biokosmos. Auf dieser Erkenntnis gründete sich die fulminante Entwicklung der Biologie seit der Mitte des letzten Jahrhunderts, die schließlich zur Entschlüsselung des menschlichen Erbguts führte. Nur der Tatsache, daß die Natur bei den Proteinen nicht zwischen einem Bakterium und einem Menschen unterscheidet, verdanken wir die Entschlüsselung unseres Erbguts und die Einsicht in grundlegende biologische Vorgänge. Denn alle neueren Erkenntnisse wurden zunächst ausschließlich an Viren und Bakterien gewonnen. Das gilt auch für die Nukleinsäuren. Beide Lebensmoleküle bestimmen Anfang und Verlauf der Evolution im Biokosmos. Wir müssen daraus schließen, daß die Evolution, nachdem sie vor einigen Milliarden Jahren erstmals auf den Mechanismus eines Zusammenspiels von Proteinen und Nukleinsäuren gekommen ist, dieses erfolgreiche Wechselspiel unverändert beibehalten hat: Altruismus als Erfolgsprinzip. In den Chromosomen spiegelt sich dieser Sachverhalt besonders eindrucksvoll wider.

Aus der Fülle unterschiedlicher Stoffe, die im festen, flüssigen oder gasförmigen Zustand auf der Erde angetroffen werden, kristallisierte sich eine Gruppe von Substanzen heraus, aus denen die wichtigsten und kompliziertesten Strukturen aller Lebewesen aufgebaut sind. Nach einem der häufigsten und schon sehr früh mit lebendigen Erscheinungen in Zusammenhang gebrachten Vertreter dieser Gruppe, dem Eiweiß oder Eiklar des Hühnereis, wurde sie dann benannt. Da aus dem leblosen Grundstoff des Hühnereis unzweifelhaft zuerst ein Lebewesen hervorgeht, wurde der Eiweißgrundstoff auch »Protein« genannt, von griechisch »Proteus«, der erste. Diese Sonderstellung und die Vielfalt der Proteine hatten dazu geführt, in ihnen zunächst auch die »Moleküle der Vererbung« zu sehen. Sie war die verständliche Begründung für das sogenannte »Proteinparadigma«: Eiweiße sind die

Moleküle der Vererbung. Es sei hier hervorgehoben, daß es keine lebendigen Moleküle gibt, mögen sie auch noch so komplex aufgebaut sein. Beide »Lebensmoleküle«, Proteine und Nukleinsäuren, sind für sich allein genommen nicht lebendig, es sind tote Riesenmoleküle. Die These von der vitalen Alleinbedeutung der Proteine hatte lange Zeit die Biologen bewegt und viele berühmte Anhänger gehabt, u. a. auch Friedrich Engels. Heute findet man sie gelegentlich in umgekehrter Form in der These von der vitalen Alleinbedeutung der Nukleinsäuren. Das Geheimnis des Lebens liegt aber gerade im Wechselspiel von Proteinen und Nukleinsäuren, zweier toter Moleküle also, die im altruistischen Miteinander »lebendig werden« und die Vielfalt des Biokosmos seit Milliarden Jahren aufbauen.

Die mit der Biologie vertrauten Quantenphysiker hielten aber zunächst komplizierte mathematisch-physikalische Ansätze für die Grundlage von Vererbung und Geninformation. Der Begriff der Komplementarität, den Nils Bohr, der geistige Vater der Atomphysik, für den Atombau einführte, geisterte daher verständlicherweise durch ihre Überlegungen. Heisenbergs »Unschärferelation« veranlaßte Niels Bohr zur Beschreibung einander ausschließender und zugleich ergänzender Realitätsbilder, die aber eine ursächliche Erklärung organischen Lebens ausschlossen. Der Bohrsche Begriff der »Komplementarität« sollte später eine besondere Bedeutung gewinnen, aber in einer ganz anderen und einfacheren Weise, als sie den Atomphysikern vorschwebte. Man konnte auch noch nicht ahnen, was dann wenig später erstmals an Bakterien gezeigt wurde: die klare Trennung zwischen dem genetischen Material und den Produkten, den Proteinen, die mittels der Information des genetischen Materials hergestellt werden. Die Natur macht zwischen der Informations- und Befehlszentrale der Nukleinsäuren im Zellkern und den Arbeitseinheiten der Proteine im Zytoplasma einen Unterschied. Selbst die mit der DNS im Zellkern verbundenen Proteine, die sogenannten Histone, werden zunächst im Zellplasma außerhalb des Zellkerns synthetisiert und anschließend in den Zellkern transportiert.

Sämtliche Eiweißverbindungen, aus denen so unterschiedliche lebendige Einheiten wie Bakterien, Pflanzen, Würmer und Menschen sich zusammensetzen, sind aus einer geringen Anzahl von »leblosen«, d.h. anorganischen Elementen aufgebaut: Kohlenstoff, Wasserstoff, Sauerstoff, Stickstoff und Schwefel. Es fand sich nicht ein einziges, das nicht schon in der unbelebten Welt angetroffen worden wäre. Die Bezeichnung »Aminosäure« leitet sich davon ab, daß diese Elemente organische Moleküle bilden, die sich alle durch eine sogenannte »Aminogruppe« und eine sogenannte »Säuregruppe« auszeichnen. Aus nur 20 dieser Grundbausteine, den Aminosäuren, sind Hunderttausende von Eiweißmolekülen aufgebaut, die im wesentlichen den gewaltigen Biokosmos ausmachen.

Proteine sind die Struktur- und Arbeitsmoleküle in einer Zelle. Sie bilden die wichtigen Gerüstsubstanzen und sorgen für eine Kommunikation mit der Außenwelt. In der Zellmembran funktionieren sie als Kanäle, Pumpen und Schleusen für den gezielten Durchtritt von Molekülen. Daneben bilden sie die große Gruppe der Enzyme, das sind biologische Katalysatoren, die eine unglaubliche Anzahl von chemischen Reaktionen innerhalb oder außerhalb der Zelle ermöglichen, mit einer Genauigkeit und Geschwindigkeit, die in einem Reagenzglas auch nicht annähernd erreicht werden könnte. Andere Eiweiße haben unzählige regulatorische oder strukturelle Funktionen. Die Bäckerhefe zum Beispiel, *Saccharomyces cerevisiae*, ein simpler einzelliger, für das bloße Auge nicht sichtbarer Organismus, der aber schon einen Zellkern besitzt, produziert etwa 6000 verschiedene Eiweiße. Trotz dieser außerordentlichen Vielfalt von Formen und Funktionen der Eiweiße – man denke nur an die Möglichkeit der Bildung von Hunderttausenden unterschiedlicher Antikörper, die jeder Mensch im Laufe seines Lebens produzieren kann – benötigt der Organismus nur einen einzigen Bausatz von 20 verschiedenen Aminosäuren. Gemeinsam ist ihnen die sogenannte Aminogruppe (NH_3^+) und die Säuregruppe (COO^-). Über diese gemeinsame Säure- und Aminogruppe sind die einzelnen Aminosäuren chemisch in Form einer sogenannten Peptidbindung

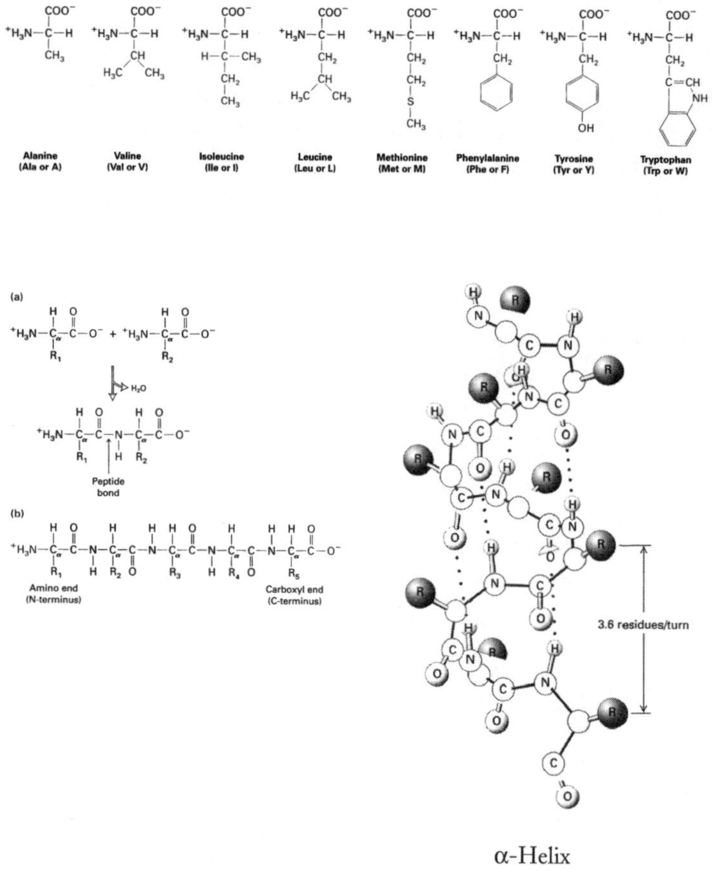
Alanine (Ala or A)
Valine (Val or V)
Isoleucine (Ile or I)
Leucine (Leu or L)
Methionine (Met or M)
Phenylalanine (Phe or F)
Tyrosine (Tyr or Y)
Tryptophan (Trp or W)
(a)
Peptide bond
(b)
Amino end (N-terminus)
Carboxyl end (C-terminus)
3.6 residues/turn
α-Helix

Abb. 1

Die genauen Erläuterungen aller Abbildungen finden sich im Anhang, S. 155ff.

verknüpft. Sämtliche Eiweiße aller Lebewesen, von den einfachsten Viren bis zum Menschen, sind aus haargenau denselben 20 Aminosäuren aufgebaut. Die 20 unterschiedlichen Aminosäuren sind perlschnurartig aneinandergereiht. Ein »durchschnittliches« Eiweißmolekül, wie der Eiweißbaustein des roten Blutfarbstoffes Hämoglobin beispielsweise, besteht aus der linearen Aneinanderreihung von rund 150 der 20 unterschiedlichen Aminosäuren. Es gibt kleinere Eiweißmoleküle, aber auch sehr viel größere. Die Reihenfolge der Aminosäuren, die sogenannte Aminosäuresequenz oder Primärstruktur, in den Proteinen des Hämoglobins jedes Menschen auf der gesamten Erde muß sehr ähnlich sein, da es sonst den lebenswichtigen Sauerstoff nicht transportieren könnte – von gelegentlichen kleinen Abweichungen, den genetischen Variationen, abgesehen. Das gilt aber auch für den Vergleich der menschlichen Hämoglobine mit denen von Affen, Mäusen und Fliegen. Der Unterschied in der Aminosäuresequenz ist zwar größer, aber die Ähnlichkeiten spiegeln die »verwandtschaftlichen« Beziehungen in der Evolution wider. Einer der vielen Hinweise darauf, daß die Darwinsche Abstammungslehre auch auf der Ebene der Moleküle gilt. Der Makrobereich der Lebewesen spiegelt den Mikrobereich des molekularen Proteinaufbaus wider. *(Vgl. Abb. 1)*

Nun wird auch verständlich, woher die ungeheure Vielfalt der Eiweiße innerhalb des gesamten Biokosmos kommt. Aus den 20 verschiedenen Aminosäuren, die auch als Monomere bezeichnet werden, kann die Natur eine schier unendliche Anzahl von Eiweißen bilden, die entsprechend als Polymere bezeichnet werden. Ein gängiges Protein mittlerer Größe, Polymer, besteht aus 150 Aminosäuren, Monomeren. In der Kombinatorik ergibt sich die Anzahl der möglichen Polypeptidketten aus einer einfachen Rechnung: Wie viele Möglichkeiten gibt es, aus 20 Elementen eine Gesamtmenge von jeweils 150 dieser Einzelelemente linear zusammenzusetzen? Die Antwort ist einfach: 20^{150} Möglichkeiten. Diese Zahl hat ausgeschrieben 195 Stellen. Die Gesamtzahl aller Atome im gesamten Universum ist nur eine 80stellige Zahl. Mit anderen Worten, die unterschiedlichen Möglichkeiten, aus den 20 Aminosäurebausteinen die Proteine des Biokosmos aufzubauen, ist nahezu unendlich groß. Es muß daher noch eine Instanz geben, die die jeweilige individuelle Reihenfolge einer Aminosäuresequenz genau festlegt und von Zelle zu Zelle weitergibt: die Erbsubstanz. Außerdem muß es eine Instanz geben, die über die Qualität von kleinen Abweichungen, den Austausch einer oder mehrerer Aminosäuren, wacht, »Verbesserungsvorschläge« belohnt und schlechtere Varianten entfernt: die Evolution durch »natürliche Auswahl«, wie Charles Darwin es 1859 formuliert hatte.

Ist die Aminosäuresequenz einmal festgelegt, gibt es immer noch Tausende von Möglichkeiten der dreidimensionalen Faltung, die die Polypeptidkette annehmen kann. Von all diesen Möglichkeiten wählt die Natur nur eine einzige aus. Das bezeichnet man als »epigenetischen Prozeß«, einen Vorgang also, der nicht durch die Gene auf den Chromosomen allein festgelegt ist, der jedoch für die lebendige Welt fundamentale Bedeutung hat. Am Ende unserer Geschichte, nach der Darstellung der Sequenzierung des menschlichen Genoms, werden wir darauf genauer eingehen. Die Information (I) zur Festlegung der Reihenfolge eines Polypeptids aus 100 Aminosäuren entspräche in der Computersprache ungefähr 432 bits.

Die verschiedenen Eiweiße unterscheiden sich mithin nur in der linearen Reihenfolge der 20 bekannten Aminosäuren. Allein die unterschiedliche lineare Abfolge derselben Bauteile führt zu so unterschiedlichen organischen Substanzen wie dem steinharten Huf des Pferdes, dem geschmeidigen Bizepsmuskel des Menschen oder seiner Lockenpracht, dem schwabbligen Klar vom Hühnereiweiß oder dem roten Blutfarbstoff. Um es zu wiederholen: Sie sind sämtlich aus denselben 20 Aminosäuren aufgebaut, ihre Individualität beruht einzig auf der verschiedenen Reihenfolge der einzelnen Aminosäuren.

Da jede einzelne Aminosäure ein unterschiedliches Restmolekül mit unterschiedlichen chemischen Funktionen hat, ergibt sich aus der Reaktion dieser Restmoleküle oder Seitengruppen untereinander eine für jedes einzelne Eiweiß charakteristische räumliche Struktur. Diese ist für die jeweilige spezifische Funktion von entscheidender Bedeutung. *Abbildung 1* veranschaulicht, wie aus ähnlichen Bauteilen ein lineares Molekül wird und wie durch die Anordnung der Seitengruppen und deren Wechselwirkungen eine höhere Einheit mit erweiterten Möglichkeiten entsteht.

Diese erweiterten Möglichkeiten bezeichnet man in der Biologie als »Emergenz«. Eine nach einem bestimmten Code zusammengesetzte, zunächst nichtssagende lineare Reihenfolge erhält durch die spezifischen Interaktionen eine individuelle Bedeutung und Funktion. Vergleichbar den Wörtern eines Satzes, die nur durch die Reihenfolge und ihren Bezug aufeinander, ihre Interaktion, eine verständliche Information enthalten. Aus einer der »unzähligen« zufälligen Reihenfolgen der 20 Alphabetbuchstaben in der Klammer (RMNEBÄENRNO VSUNIEADN) erhält man nur ein einziges Mal die inhaltlich richtige und verständliche Aussage: AMINOSÄUREN VERBUNDEN. Die tote Reihenfolge erhält lebendige Bedeutung: die »Emergenz« oder, auf die Aminosäuren übertragen, die dreidimensionale Struktur des Proteins, die von der Natur benötigt wird. Es erscheint daher naheliegend, daß die Information dafür allein in der DNS als Gen gespeichert, verdoppelt und an die nächste Generation weitervererbt werden muß. Der gelegentliche Austausch eines oder mehrerer Buchstaben (genetische Mutation) verändert zwar die Information, macht sie aber nicht unlesbar, d. h. unverständlich. So führt eine kleine genetische Mutation zu einem geringfügig veränderten Eiweiß, dessen Funktion jedoch erhalten bleiben kann. Sollte die Funktion der Mutation »besser« sein als das ursprüngliche Eiweiß, wird sie von der »natürlichen Auswahl« übernommen, weil darin ein Evolutionsvorteil liegt. Auf die Evolution der makroskopischen Individuen übertragen, hat Charles Darwin das als »Überleben der Angepaßteren« beschrieben.

Dieses einfache Verknüpfungsprinzip der Aminosäuren, aus dem sich dann Proteine mit einer Emergenz ergeben, wurde erst um die Mitte des 20. Jahrhunderts erkannt. Jetzt wurde klar, woraus die schier unendliche Vielfalt des Biokosmos resultiert. In der Folge setzte eine fieberhafte Suche nach den Aminosäuresequenzen unterschiedlicher Eiweiße ein, die miteinander verglichen werden konnten. Innerhalb dieser Sequenzen ergaben sich viele Ähnlichkeiten zwischen den verschiedenen Spezies. Und wieder fand sich derselbe Stammbaum der Lebewesen und Pflanzen, den auch schon die früheren Paläontologen und Biologen aufgrund äußerer Merkmale bestimmt hatten. Die Reihenfolge der Aminosäuren, die Aminosäuresequenz, nennt man die Primärstruktur eines Eiweißes. Kenntnis des genauen räumlichen Aufbaus erhält man durch die quantenphysikalischen Wechselwirkungen der Seitengruppen und die Betrachtung der Moleküle mit Röntgenstrahlen. Die sogenannte Röntgenstrukturanalyse ergibt das endgültige dreidimensionale Bild. Die Moleküle des Lebens unterliegen denselben quantenchemischen Gesetzmäßigkeiten wie die toten Moleküle der anorganischen Chemie. Durch ihre Wechselwirkung erhalten sie lebendige Qualitäten.

Alle Eiweißmoleküle im gesamten Biokosmos, die eine identische Aminosäuresequenz haben, sind in ihrem räumlichen Aufbau bis auf den Milliardstel Bruchteil eines Meters gleich. Und zwar deshalb, weil Atomgrößen und Atomabstände, die durch die Gesetze der Quantenmechanik vorgegeben sind, ebenso wie die Wechselwirkungen der einzelnen Atomgruppen innerhalb des Eiweißmoleküls immer dieselben sind. Nur weil die Gesetze der Quantenmechanik nicht zwischen toter und belebter Materie unterscheiden, können wir überhaupt Gesetzmäßigkeiten erkennen. Auch hier ist die Quantenphysik unmittelbar mit der Welt der Lebewesen und ihren Gesetzmäßigkeiten verbunden. Ebenso sind die Größenordnungen der Lebewesen vorgegeben durch die quantenmechanischen Gesetze, die die Atomabstände und Atomgrößen bestimmen. Sonst wären Ameisen abwechselnd »riesig« wie Katzen und Katzen »winzig« wie Ameisen. Das ist die unmittelbare Konsequenz der »Sommerfeldschen Feinstrukturkonstante« α, die den zahlenmäßigen Wert 1/137 hat. Eine einleuchtende Begründung dafür hat man bisher nicht finden können. Hätte sie einen anderen Wert, sähen die Welt und die Lebewesen, die sie bevölkern, ganz anders aus.

Möglicherweise hätte dann das Säugerhirn des Menschen die Größe des Erdglobus haben müssen, um das Geheimnis der eigenen biologischen Herkunft entschlüsseln zu können.

Wären die quantenphysikalischen Konstanten, etwa Masse und Verknüpfung bestimmter Elementarteilchen, nur geringfügig anders, wäre Chaos die Folge und Leben nicht möglich: Protonen würden zerfallen, Atomkerne wären instabil, DNS könnte nicht entstehen, und das auf Kohlenstoff basierende Leben auf der Erde gäbe es nicht.

Vielleicht ist dies alles so aufeinander abgestimmt, um aus dem Chaos das Leben entstehen zu lassen. Aber warum ist es bei der ungeheuren Artenvielfalt nur ein einziges Mal zur Ausbildung eines Hirns gekommen, das seine Umwelt und Herkunft erkennt und über sich selbst nachdenken kann? Ein Hirn, das nicht nur leiden, sondern sogar mitleiden kann, einen Schmerz fühlen, den ein anderer erleidet. Die Evolution hätte ebensogut bei *Drosophila* oder der Wanderratte stehenbleiben können.

Vom Nobelpreis für Chemie zum Friedensnobelpreis: *Linus Pauling*

Im Jahre 1931, im Alter von nur 30 Jahren – soeben nach Kalifornien an das erwähnte California Institute of Technology (Caltech) berufen –, war Linus Pauling der festen Überzeugung, daß es keinen besseren Chemiker auf der ganzen Welt gäbe als ihn selbst. Zehn Jahre später mußten es ihm dann auch die Chemiker auf der ganzen Welt zugestehen. Linus Pauling hatte eine geniale Idee: Er verband die Gesetzmäßigkeiten der neuen Quantenmechanik der europäischen theoretischen Physiker, denen er in Göttingen, München und Kopenhagen über die Schulter gesehen hatte, mit den Regeln der chemischen Bindungen. Seine Erklärung der Valenzwinkel in chemischen Verbindungen auf quantenmechanischer Grundlage führte zur Berechnung der Bindungsenergien und der Elektronegativität der Atome in organischen Verbindungen. Das Buch, das er darüber im Jahre 1939 veröffentlichte, *Die Natur der chemischen Bindung*, wurde das einflußreichste chemische Lehrbuch des ganzen Jahrhunderts, oder, wie James Watson es einmal formuliert hat, die »Bibel der Chemiker«.

Paulings Selbsteinschätzung wurde vorerst noch nicht von denen geteilt, die über die Forschungsgelder für das Caltech bestimmten. Glücklicherweise rettete ihn die Rockefeller-Stiftung, damals die bedeutendste Quelle für wissenschaftliche Forschungsgelder. Die finanzielle Unabhängigkeit erlaubte es ihm, in aller Ruhe über die Struktur der Proteine nachzudenken. Mit präzisen Atomabständen, den Atomwinkeln und den Wechselwirkungen der Atome untereinander wollte er die Struktur der riesigen Proteinmoleküle ermitteln, ein Ziel, das damals anderen Chemikern zu schwierig erschien. Aber es war nicht allein die detaillierte Kenntnis über die Atomkoordinaten der Aminosäuren, sondern mehr noch die Einsicht in die strukturbildende Funktion der nichtkovalenten Wasserstoffbrückenbindungen, die es Pauling erlaubte, die dreidimensionalen Strukturen der Proteine zu erschließen. Die Wasserstoffbrücken zwischen den Wassermolekülen sind für das Leben notwendig, weil sich Lebensvorgänge ausschließlich in wässerigem Milieu abspielen. Ohne die Wasserstoffbrücken der Wassermoleküle untereinander würde Wasser auf der Erde nur in gasförmigem Zustand vorkommen. Es war auch erstmals das buchstäbliche »Basteln« makroskopischer Modelle, das Pauling einführte. Mit derselben Methode, mit der er die ersten räumlichen Modelle einiger Proteine baute, versuchten wenig später Watson und Crick, Modelle der Desoxyribonukleinsäure herzustellen. Pauling konnte zeigen, daß durch die Wechselwirkungen der Seitengruppen viele Proteine eine in sich gewundene, spiralige Struktur annehmen, die sogenannte α-Helix *(Abb. 1)*. Seine Entdeckung der α-Helix, eine der fundamentalen Strukturen in der »bunten Welt der Eiweiße«, war der erste große Triumph der Modellbildung in der Biologie. Pauling berichtet selbst, wie er 1950 während eines wissenschaftlichen Aufenthaltes in Oxford durch eine schwere Erkältung ans Bett gefesselt war. Gelangweilt von dem Krimi, den er gerade las, vertrieb er sich die Zeit, indem er eine Polypeptidkette aus einem Lehrbuch ausschnitt und den Papierstreifen so lange hin und her drehte, bis die Aminosäurereste zueinander paßten. Paulings Konzept der Wasserstoffbrückenbindung löste das Problem der Spezifität der Proteine, die er auf definierte dreidimensionale Faltungen einer eindimensionalen, linearen Kette von Aminosäuren, der Aminosäuresequenz, zurückführte. Das Model der α-Helix wurde noch im darauffolgenden Jahr experimentell bestätigt. Drei Jahre später erhielt er den Nobelpreis für Chemie.

James Watson und Francis Crick befürchteten daher zu Recht, der geniale Linus Pauling könne ihnen beim Modellbau der DNS-Doppelhelix zuvorkommen. Aber Ende 1952, nur einige Monate vor Vollendung ihres Modells, schlug der geniale Pauling unerwarteterweise ein ganz anderes Modell vor: eine aus drei Strängen zusammengesetzte Tripelhelix. Noch Jahrzehnte später wundert sich James Watson darüber, warum Pauling nicht als erster auf das Modell der DNS-Doppelhelix gekommen sei: »why Linus failed to hit this home run will never be known«, ist sein Kommentar zu diesem Punkt. Auch von seiner Frau Ava Helen mußte sich Linus sagen lassen, er hätte härter an der DNS-Struktur arbeiten müssen. *Die Natur der chemischen Bindung* nennt Watson dennoch das »einflußreichste Buch, das jemals über Chemie veröffentlicht wurde«. Ein Kollege des damals führenden Biochemikers Fritz Lipmann bemerkte im Zusammenhang mit Paulings Buch einmal, daß »immer, wenn Lipmann ein neues Kapitel in Paulings Buch« beendet habe, er eine »weitere Entdeckung machte, die die Biochemie veränderte«. Watson und Crick benutzten es als Grundlage für die genauen Atomabstände bei der Ausarbeitung der Struktur der DNS-Doppelhelix. Nur schnitten die beiden damals nicht Papierollen zurecht, sondern rückten dem Problem mit Schrauben, Drähten und Zwingen zu Leibe.

Linus Pauling entwickelte zusammen mit dem einstigen Quantenphysiker Max Delbrück, der damals ebenfalls am California Institute of Technology in Pasadena arbeitete, das Konzept der Komplementarität, das auf Niels Bohr zurückgeht. Sie waren der Meinung, daß die biologische Spezifität die Existenz von Molekülen mit komplementären Strukturen voraussetzte, die wie ein Puzzle zueinander paßten. Als Beispiel diente ihnen schon damals die Genverdoppelung, die nur mit komplementären Molekülen erklärt werden konnte. Allerdings nahmen auch sie noch an, daß die chromosomalen Eiweiße und eben nicht die Nukleinsäuren Träger der genetischen Information seien.

Im Zusammenhang mit der Weiterentwicklung der Atomwaffen und dem Ausbau der Atomindustrie hielt Pauling Vorträge über das »unselige nukleare Wettrüsten« mit der Folge, daß J. Edgar Hoover, der damalige Chef der FBI, ihn persönlich verfolgte, daß der Kommunistenjäger Senator McCarthy ihn ein Sicherheitsrisiko nannte und daß das Außenministerium ihm den Paß entzog. Denn der Chemiker des Jahrhunderts bestand darauf, daß »die Wissenschaft nicht blühen kann, wenn Wissenschaftler dafür bestraft werden, daß sie die Wahrheit sagen«. Glücklicherweise wurde er nicht, wie ehemals Giordano Bruno, der wissenschaftlichen Wahrheit zum Opfer gebracht. Die Zeiten hatten sich, Hoover und McCarthy zum Trotz, geändert.

Für seine politischen Überzeugungen und mutigen Friedensinitiativen wurde ihm 1963, nur neun Jahre nach dem Preis für Chemie, der Friedensnobelpreis verliehen. Zwei Nobelpreise in einem einzigen Leben sind schon ein äußerst seltenes Ereignis, aber Linus Pauling ist zudem der einzige, der diese ungeteilt verliehen bekam. Sein letzter großer Wunsch, für die Medizin zu leisten, was er schon für die Chemie und die Biologie getan hatte, ging nicht in Erfüllung. Mit großen Dosen an Vitamin C wollte er psychischen Erkrankungen, Erkältungen und selbst Krebs vorbeugen. Wissenschaftlich war das nicht zu belegen. Kurz vor seinem Krebstod, im Alter von 93 Jahren, behauptete er noch, er wäre vermutlich viel früher gestorben, wenn er nicht täglich Unmengen an Vitamin C zu sich genommen hätte. Man könnte daraus aber auch den Schluß ziehen, daß das Alter auch geniale Menschen nicht vor Torheit schützt und Unmengen an Vitamin C niemanden umbringen.

Für Paulings chemisches Verständnis lebendiger Vorgänge waren keine besonderen Lebenskräfte notwendig, sondern einzig die *Natur der chemischen Bindungen*, die er als junger Mann herausgefunden hatte. Ein gleichzeitig am Caltech in Pasadena arbeitender, ebenso genialer theoretischer Quantenphysiker, der für die Weiterführung der Quantenmechanik zur Quantenelektrodynamik den Nobelpreis für Physik erhalten sollte, formulierte diese Grundeinstellung einmal etwas salopper: Das war Richard Feynman. In seinen berühmten *Vorlesungen über Physik* sagt er, daß die »mächtigste aller Annahmen, Leben zu verstehen«, darauf beruhe, daß »alle Dinge aus Atomen bestehen« und daß alles, »was lebende Dinge tun, verstanden werden kann aus dem Zittern und Zappeln der Atome«. Auch Francis Crick begründet 1947, angeregt durch die Lektüre von Schrödingers *Was ist Leben?* von 1944, seine Bewerbung um ein Stipendium am Medical Research Council in Cambridge damit, daß es sein Ziel sei, mit »Physik und Chemie die Gesetze des Lebens zu verstehen«. Diese Überzeugung, daß Leben einzig auf den Gesetzen der Chemie und Physik beruhe und keine Lebens- oder übernatürliche Kraft zu seiner Erklärung nötig sei, hat tiefgreifende philosophische und selbst politische Implikationen.

Fassen wir noch einmal die Wunderwelt der Eiweißmoleküle, die sich vor uns auftut, in ihrem molekularbiologischen und biochemischen Aufbau zusammen. Wir haben einen Vorrat von 20 einander sehr ähnlichen Perlen. Einige Bestandteile sind bei allen gleich: die Aminogruppe und die Säuregruppe. Außerdem werden die einzelnen Perlen an identischen Stellen über eine gleichartige Bindung, die wir Peptidbindung nennen, miteinander verknüpft. Die Verknüpfungsprodukte nennen wir dann Oligopeptide, wenn es sich um kürzere, und Polypeptide, wenn es sich um längere »Perlenketten« handelt. Protein, Eiweiß, Enzym, Peptid oder Polypeptid sind synonyme Begriffe, soweit es die biochemische Grundstruktur betrifft, linear angeordnete Aminosäuren, durch eine Peptidbindung zu Eiweißmolekülen unterschiedlicher Länge verknüpft. Allein die unterschiedliche Reihenfolge oder Sequenz der einzelnen ähnlichen »Perlen« bringt es mit sich, daß das gesamte Molekül eine je unterschiedliche räumliche Anordnung (Konformation) einnimmt.

Wie wichtig die räumliche Struktur der Eiweißmoleküle ist, soll am Beispiel der sogenannten BSE-Seuche, der »bovinen spongioformen Encephalopathie« der Rinder, und deren vermuteter neuer Variante beim Menschen, der Creutzfeldt-Jakob Krankheit, verdeutlicht werden. Beide werden ursächlich auf Erreger zurückgeführt, die man Prionen nennt.

Diese infektiösen Partikel sind also weder Viren noch Bakterien, sondern Proteine, d.h. Eiweiße. Sie unterscheiden sich von den normalen, gleichfalls in Rindern und Menschen vorkommenden Eiweißen, die keine Krankheit auslösen, nur durch ihre unterschiedliche Faltung, ihre Struktur. Aber diese krankmachenden, pathogenen Prionen unterscheiden sich von den anderen eben nur durch ihre unterschiedliche Faltung, nicht durch ihre Aminosäuresequenz. Wenn also die Aminosäuresequenz identisch ist, kann dieses Phänomen kein genetisches, es muß ein epigenetisches Phänomen sein. Die Prionen stellen damit einen extremen Fall von »nichtgenetischer Vererbung« dar. Das »infektiöse Agens« ist ein Protein, das bei identischer Aminosäuresequenz unterschiedliche dreidimensionale räumliche Strukturen, Konformationen, einnehmen und diese unterschiedlichen Konformationen den Schwesterproteinen aufprägen kann. Durch diese unterschiedliche Konformation wird der natürliche Abbau des Proteins verhindert, wodurch es zu großen Ansammlungen in den Nervenzellen kommt, mit katastrophalen Folgen.

Auf den Erkenntnissen unterschiedlicher Proteinstrukturen bei gleicher Geninformation beruht der jüngste Zweig der Proteinforschung: Proteomics. Die postgenomische Zeit gehört vermutlich den Proteomics mit der Möglichkeit der Herstellung von »Designer-Molekülen« für eine gezielte individuelle Therapie. Bisher können nur größere Ansammlungen von Prion-Proteinen im Gehirn oder Rückenmark befallener Tiere oder Menschen nach dem Tode nachgewiesen werden. Im Juni 2001 berichteten englische Forscher über eine völlig neue Methode, die sogar einzelne Prion-Moleküle im Blut noch lebender Tiere nachweist. Die von Linus Pauling erforschten Wasserstoffbrückenbindungen stabilisieren nicht nur die räumliche Struktur von Proteinen, sondern auch von Nukleinsäuren. Die Wasserstoffbrückenbindungen sind auch maßgeblich an der räumlichen Struktur der Ribonukleinsäuren (RNS) beteiligt. Den englischen Forschern gelang es, unter Ausnutzung der von Pauling gefundenen Gesetzmäßigkeiten für Wasserstoffbrücken, besonders gefaltete RNS-Moleküle, sogenannte Aptamere, zu entwerfen. Diese markierten »Designer-Moleküle« können sich paßgenau, wie ein Handschuh, über ein einzelnes Prion stülpen. Der markierte Komplex aus Aptamer und BSE-Prion kann jetzt nachgewiesen werden.

Ein eindrucksvolles Beispiel für die ständige Offenheit der biologischen Forschung. Gerade als sie davon überzeugt war, die genetische Abhängigkeit der Proteine und ihrer Struktur zu verstehen, wurde sie mit einem ganz neuen Problem konfrontiert. Doch kehren wir zurück zu unserer Geschichte.

Wenn die Wunderwelt der Eiweiße der Stoff ist, aus dem das Leben sich aufbaut, der Grund für diese Wunderwelt aber in der jeweiligen Raumstruktur zu suchen ist, diese wiederum nur von der Aminosäuresequenz abhängt, dann muß der Schlüssel für Vererbung und Verständnis der Lebensvorgänge in dem Code zu suchen sein, der diese Reihenfolge festlegt. Wie ist nun aber die genetische Information in der Erbsubstanz gespeichert, und auf welche Weise wird sie in unterschiedliche Eiweiße übersetzt? Um diese »lebenswichtige« Frage beantworten zu können, muß zuvor entschieden werden, welches nun die eigentliche Erbsubstanz ist: Protein oder Nukleinsäure. Das Protein-Paradigma kam in den 40er Jahren des letzten Jahrhunderts auf den Prüfstand. Nachdem es eindeutig widerlegt worden war, war die explosionsartige Entwicklung der Molekularbiologie nicht mehr aufzuhalten.

Das Protein-Paradigma im Küchenmixer:
Hershey und Chase

Die genetischen Experimente mit *Drosophila melanogaster* hatten zwingend nahegelegt, daß die Chromosomen das zelluläre Substrat der Vererbung sind. Chromosomen bestehen, wie die biochemische Analyse zeigte, aus Proteinen und aus Nukleinsäuren. Die Chromosomen menschlicher Zellkerne bestehen aus doppelt so vielen Proteinen wie Nukleinsäuren. Biologen und physikalische Theoretiker, allen voran Max Delbrück, Linus Pauling und Erwin Schrödinger, waren der Meinung, daß ein komplexer Vorgang wie der der Informationsspeicherung und -weitergabe bei der Vererbung nur von den komplexen und »vielseitigen« Proteinen geleistet werden könne. Nur Proteine könnten die notwendige Menge von biologischer Information in chemisch stabiler Form speichern, verarbeiten und weitergeben. Das war der einzige Grund dafür, warum das Proteinparadigma sich in den Köpfen der Biologen so lange festgesetzt hatte. Noch 1952 sprach George Beadle, der die biochemische Genetik durch seine »Ein-Gen-ein-Enzym-Hypothese« entscheidend bereichert hatte, von Proteinen als dem Schlüssel zur genetischen Vermehrung. Durch Untersuchungen an *Neurospora crassa*, dem Schimmelpilz des Brotes, hatte er, zusammen mit Edward Tatum, eine direkte Beziehung zwischen einem Gen und einem spezifischen Enzym nachweisen können. Da wir heute wissen, daß alle Enzyme Proteine sind (umgekehrt allerdings sind nicht alle Proteine Enzyme), können wir die Hypothese als »Ein-Gen-eine-Polypeptidkette« formulieren: ein Meilenstein in der Geschichte der Erforschung des Genoms. Eine Reihe von genetischen Krankheiten des Menschen ist durch eine einzige Genmutation verursacht, die die spezifische Funktion eines Enzyms beeinträchtigt oder aufhebt. Der Albinismus beispielsweise ist durch die Mutation eines Enzyms hervorgerufen, das normalerweise die Aminosäure Tyrosin in das schwarze Pigment Melanin umwandelt. Das durch Mutation veränderte Enzym kann das Tyrosin nicht mehr in schwarzen Farbstoff umwandeln, was zu Albinismus führt.

Diese Beziehung zwischen Genen und Enzymen hatte der englische Arzt Archibald Garrod 1902 gefunden. Zusammen mit dem schon erwähnten Genetiker William Bateson konnte er zeigen, daß die sogenannte Alkaptonurie, eine Krankheit, die beim Menschen dazu führt, daß der Urin sich nach Lichtexposition schwarz verfärbt, nach den Mendelschen Regeln vererbt wird. Mit dem von Garrod beschriebenen Krankheitsbild konnte erstmals ein rezessiver Mendelscher Erbgang beim Menschen bewiesen werden. Die Alkaptonurie gehört zu einer Gruppe von Krankheiten, die als »inborn errors of metabolism«, »angeborene Stoffwechselfehler«, bezeichnet werden.

Wie Thomas S. Kuhn, Physiker und Wissenschaftshistoriker, später für unterschiedliche Wissenschaftsbereiche zeigen konnte, kommt es immer erst spät, trotz überwältigender Hinweise der experimentellen Beweisführung, zu einem von der wissenschaftlichen Gemeinschaft allgemein akzeptierten Paradigmenwechsel.

Die im Vergleich zur ungeheuren Vielgestaltigkeit der Proteine verhältnismäßig »simpel« gebauten Nukleinsäuren galten daher als »Stütz- und Gerüstsubstanz« für die hochkomplizierten Proteine im Chromosom. Nur Proteine, so glaubte man, besäßen die Fähigkeit, sich zu reproduzieren und Nukleinsäuren zu synthetisieren. Daß auch dem komplexen Eiweißaufbau die bereits beschriebene, überaus simple Primärstruktur zugrunde liegt, war noch nicht bekannt. Die Nukleinsäuren galten lange Zeit als »schlichte« Moleküle, bestehend aus einem Zucker (Ribose oder Desoxyribose), an dessen erstem Kohlenstoffatom eine sogenannte Base kovalent gebunden ist; diese sogenannten Nukleoside sind über Phosphorsäuren zu langen, einförmigen Ketten verbunden. Basen sind aus Kohlenstoff, Stickstoff, Sauerstoff und Wasserstoff aufgebaute, ringförmige Moleküle. In der DNS heißen sie Adenin, Thymin, Cytosin und Guanin; sie sollten sich später als die Buchstaben des Lebensalphabets erweisen.

Noch aber war die wissenschaftliche Gemeinschaft davon überzeugt, daß nur komplizierte, mathematisch schwierig zu erfassende Vorgänge, wie sie auch der Quantenmechanik zugrunde liegen, für die komplexe Informationsverarbeitung und Weitergabe bei der Vererbung eine Rolle spielen konnten. Daß der Natur vor Urzeiten die Lösung des »Geheimnisses der Gene« in einer Form gelungen war, die der später von vielen Kulturen gefundenen Buchstabenschrift analog ist, darauf kamen erst später zwei vom Paradigma unbelastete wissenschaftliche Anfänger.

Die ersten Hinweise auf die Nukleinsäuren als Träger genetischer Information gehen allerdings auf eine Entdeckung aus dem Jahre 1928 zurück. Der englische Arzt und Bakteriologe Frederick Griffith hatte in diesem Jahr eine Arbeit publiziert, in der er über eine Eigenschaft berichtete, die er »Transformation« nannte. Sie verwandelt (transformiert) einen harmlosen, daher als »avirulent« bezeichneten Pneumokokkenstamm in einen »virulenten« Bakterienstamm, der eine tödliche Lungenentzündung verursacht. Griffith kam 1941 während eines Luftangriffs in seinem Labor in London ums Leben. Der unmittelbare Nachweis des transformierenden Prinzips, den sein kanadisch-amerikanischer Kollege Oswald Avery am Rockefeller-Institut für medizinische Forschung in New York 1944 erbrachte, blieb ihm versagt.

Das transformierende genetische Prinzip, das gereinigt und isoliert einen Pneumokokken-Bakterienstamm in einen genetisch anderen überführt, erwies sich chemisch als Desoxyribonukleinsäure (DNS). Es war die Geburtsstunde der modernen Molekulargenetik. Das Überraschende dieser genetischen Entdeckung war nicht nur der Hinweis auf die DNS als Molekül der Vererbung, sondern mehr noch die Tatsache, daß man bis dahin nicht einmal gewußt hatte, daß auch Bakterien DNS als vermutliche Erbsubstanz enthalten, genau das Molekül, welches sich auch in den Chromosomen des Menschen findet. »Die induzierende Substanz«, schrieb Avery, »scheint die hochpolymerisierte und visköse Form der DNS zu sein.« Und weiter, daß »die Synthese der Kapseleiweiße durch das transformierende Prinzip verändert« werde. Dieser Satz Oswald Averys deutet erstmals auf eine klare Unterscheidung zwischen dem genetischen Material (DNS) und der Synthese von definierten Produkten (Proteinen) hin.

Da Averys DNS noch erkleckliche Spuren von »Proteinverunreinigungen« aufwies, stellte die dem Protein-Paradigma anhängende wissenschaftliche Gemeinschaft die Signifikanz der Experimente in Frage. Die Eindeutigkeit mußte an einem anderen, eleganteren System bewiesen werden. Der österreichische Biochemiker Erwin Chargaff, der schon 1934 in die USA emigriert war, erfaßte allerdings sofort die Tragweite der Ergebnisse von Averys Arbeit. Mit der Isolierung von DNS vertraut, unternahm er die genaue chemische Analyse der DNS unterschiedlicher Spezies. Wenn die DNS das Erbmaterial war, so folgerte Chargaff, dann mußte sie spezifisch sein und sich in ihrer Basenzusammensetzung bei verschiedenen Spezies unterscheiden. Das Ergebnis seiner bahnbrechenden Arbeiten waren die sogenannten »Chargaff-Regeln« für die in der DNS vorkommenden Basen: Guanin stand zu Cytosin ebenso wie Adenin zu Thymin immer im Verhältnis $1:1$. In der DNS fanden sich immer identische Mengen von Guanin und Cytosin ebenso wie von Adenin und Thymin. Der relative Anteil der beiden Paare unterschied sich aber je nach der Herkunft der DNS, je nachdem, ob es sich um Hefe, Tuberkelbazillen oder Kalbsthymus handelte. Chargaff selber hielt diese Befunde für »auffällig«, aber »vielleicht bedeutungslos«. Eine tragische Fehleinschätzung, wie sich später herausstellen sollte, denn für Watson und Crick wurde dieser Befund zum Schlüssel für die räumliche DNS-Struktur ihres Doppelhelix-Modells.

Erwin Chargaff hat es niemals verwunden, daß er für diesen maßgeblichen Beitrag zur Strukturaufklärung der DNS nicht am Nobelpreis beteiligt wurde. Daher blieb sein Verhältnis zu Watson und Crick immer gespannt, mit dem Unterton, daß sie ihm letztlich die Idee zur DNS-Doppelhelix gestohlen hätten. Als 1961 auf einem von Watson geleiteten Symposion über Boten-RNS in Cold Spring Harbor während der Diskussion geäußert wurde, der Ausdruck Boten-RNS sei für die »quecksilbrige« Form dieser Ribonukleinsäure in der Zelle der richtige Ausdruck, da »mercury«, das englische Wort für Quecksilber, auch die Bezeichnung für Merkur, den Götterboten, sei, warf Chargaff, an Watson gewandt, ein, daß er auch der Gott der Diebe sei.

Der erwähnte Reduktionismus von Gartenerbsen über Fliegen zu Bakterien mußte aber noch weiter geführt werden. Max Delbrück und der Biologe Salvador Edward Luria, ein von den Faschisten aus Italien vertriebener Jude, den Delbrück immer liebevoll mit Lu anredete, führten Viren, die Bakterien befallen, sogenannte Bakteriophagen (griechisch: Bakterienfresser) in die genetische Forschung ein. Luria, im Jahre 1912 in Turin geboren, studierte Medizin in seiner Vaterstadt und wurde Radiologe. Dann ging er nach Rom, um im Umkreis von Enrico Fermi mehr über Physik zu erfahren. Dort hörte er erstmals von der Anwendung von Röntgenstrahlen außerhalb der Medizin, nämlich in der Biologie, und von Max Delbrücks Vorstellung vom Gen als Molekül der Vererbung. Aber er lernte auch Bakteriophagen kennen und begann mit ihnen zu experimentieren. Der wachsende offizielle Antisemitismus in Italien nötigte ihn 1938, nach Paris zu gehen, wo er seine Arbeit an Bakteriophagen fortsetzte. Mit Hilfe der Inaktivierung der Phagen durch radioaktive Strahlen versuchte er, deren Größe zu bestimmen.

Der Einmarsch der Deutschen in Frankreich zwang ihn erneut zur Flucht, diesmal nach New York City, das er im September 1940 mit einem Schiff aus Lissabon erreichte. Auf Vorschlag Enrico Fermis, der ebenfalls nach Amerika vertrieben worden war – er baute dort etwa um die gleiche Zeit in der Nähe von Chicago den ersten Atomreaktor –, erhielt Luria ein Stipendium der Rockefeller-Stiftung, um weiter mit seinen Phagen experimentieren zu können. Bald nahm er Kontakt mit Max Delbrück auf, der zwar nicht aus Deutschland geflohen war, aber nicht mehr nach Deutschland zurückging. Im Sommer 1941 begannen sie gemeinsam mit Phagen zu arbeiten, die *E.-Coli*-Zellen befallen, zunächst in Cold Spring Harbor und später an der Vanderbilt University, an der Max Delbrück zur Abwechslung Physik lehrte.

Luria hatte die Idee, mittels Experimenten an Phagen zu prüfen, ob die genetische Abstammungslehre Mendels oder die des französischen Naturforschers Jean Baptiste Lamarck, die dieser im frühen 19. Jahrhundert aufstellte, zutraf. Der Abstammungstheorie Lamarcks zufolge ist die Umwandlung der Arten und die Zweckmäßigkeit in der Ausbildung der Organismen auf die Umwandlungen zurückzuführen, die sich im Leben des einzelnen unter dem Einfluß der Außenwelt vollziehen. So behauptete er, daß »alles, was die Individuen durch den Einfluß der Verhältnisse, denen die Rasse lange Zeit hindurch ausgesetzt ist, und folglich durch den Einfluß des vermehrten Gebrauchs oder konstanten Nichtgebrauchs erwerben oder verlieren«, durch die »Fortpflanzung auf die Nachkommen vererbt« werde. Diese Vorstellung, die man als »Vererbung erworbener Eigenschaften« zusammenfassen kann, wird uns bei der offiziellen biologischen Forschung unter Stalin nochmals begegnen.

Ein Virus ist ein »nichtzellulärer Organismus«, ohne Zellmembran also, der sich nur in einer Wirtszelle vermehren kann. Er besitzt als genetisches Material entweder DNS oder RNS, die von einer Proteinhülle umgeben ist. Jeder Typ eines »zellulären Organismus« kann von einem Virus infiziert werden. Es gibt daher Pflanzenviren, Tierviren und Bakterienviren, die erwähnten Bakteriophagen. Bakteriophagen sind Viren, die bestimmte Bakterienzellen infizieren, sich in diesen vermehren und nach der Zerstörung (Lyse) der Bakterien freigesetzt werden, um neue Bakterien zu befallen. Da Bakteriophagen nur aus einer Kapselproteinhülle und DNS bestehen, kann man sie sozusagen als nackte Chromosomen ansehen. Weiter kann man den Reduktionismus nicht treiben: Übergangsformen des Lebendigen ohne Zellmembran (Viren), die Primitivformen des Lebendigen, die schon eine Zellmembran besitzen (Bakterien), verspeisen, sollten das Geheimnis des Lebens und auch des menschlichen Erbguts enträtseln helfen.

Lurias Idee, zwischen Mendel und Lamarck zu entscheiden, bestand darin, zu zeigen, daß die Resistenz bestimmter *E.-coli*-Stämme gegen Phagen schon vorhanden ist, bevor sie erstmals mit ihnen in Kontakt kommen: also genetisch determiniert und nicht erworben. Luria prüfte die Verteilung von resistenten Bakterien in einer Serie unterschiedlicher Bakterienkulturen. Wenn die Bakterien ihre Resistenz erst durch den Kontakt mit den Phagen erwarben, mußte die Anzahl resistenter Bakterien in allen Zellkulturen gleich sein. Aber sollten die Resistenzen durch spontane Mutationen schon genetisch vorhanden sein, müßte sich das im Wachstum der einzelnen Zellkulturen ausdrücken.

Sobald Luria die ersten Hinweise für eine genetische Mutation gefunden hatte, schrieb er an Delbrück, der die entsprechenden mathematischen Gleichungen dafür erarbeitete. Die daraus hervorgegangene Luria/Delbrück-Arbeit, die 1943 erschien, veränderte die Genetik entscheidend, indem sie zeigte, daß Bakterien und Viren die am besten geeigneten Objekte waren, um dem Geheimnis der Gene auf die Spur zu kommen. Experimente konnten an einem Tag durchgeführt und Milliarden von Mutanten erzeugt und untersucht werden. Phagen zeigten spontane Mutationen ebenso wie Bakterien.

Vielleicht sollte man an dieser Stelle darauf hinweisen, daß die entscheidenden Experimente zur Erforschung der Gene in Amerika zu einer Zeit durchgeführt wurden, als in Europa der Zweite Weltkrieg tobte. Entscheidend vorangebracht wurden sie auch von Wissenschaftlern, die aus Europa vertrieben worden waren.

Luria war auch ein talentierter Schriftsteller. Seine wissenschaftlichen Arbeiten, Lehrbücher und populärwissenschaftlichen Bücher zeigen Meisterschaft im Umgang mit der englischen Sprache, die ja nicht seine Muttersprache war. Sein erstes populärwissenschaftliches Buch, *Leben: Das unbeendete Experiment*, gewann 1973 den »National Book Award«. Luria stand der amerikanischen Gewerkschaftsbewegung nahe, war während des Vietnamkrieges einer der prominentesten

Gegner und weigerte sich, den Kriegsanteil seiner Einkommensteuer zu zahlen. Als kurz vor seinem Tode im Jahre 1991 die Human Genome Organisation ihre Arbeit zur Entschlüsselung des menschlichen Erbguts aufnahm, zeigte er sich sehr besorgt darüber, wie die Gesellschaft mit den gewonnenen Daten umgehen würde. Die Möglichkeit einer genetisch definierten »Unterklasse« beunruhigte ihn, und er dachte darüber nach, wie man die Opfer dieses »ungerechten genetischen Würfelspiels« schützen könne. Es wundert uns daher nicht, daß der brillante James Watson 1947, schon nach ein paar Tagen eines Kurses, den Luria über Viren an der Indiana University hielt, gerade ihn zum »Doktorvater« wählte. Und da Luria in seiner ironischen Bescheidenheit wußte, daß »er es nie fertigbringen würde, Chemie zu lernen«, meinte er, der vernünftigste Weg sei, Watson, seinen ersten seriösen Studenten, zu einem Chemiker zu schicken. Die Wahl zwischen einem Protein- und einem Nukleinsäure-Chemiker fiel – nach allem, was wir bisher über das Geheimnis des Lebens und der Vererbung wissen – nicht schwer. Die chemische Struktur der Nukleinsäuren zu ermitteln, war für Luria und Watson der entscheidende Schritt, um zu verstehen, wie sich die Gene verdoppeln. Deshalb wurde Watson, mit einem Stipendium ausgestattet, nach Europa geschickt.

Bei Luria lernte Watson Max Delbrück kennen, von dessen hervorragender Stellung in der Biologie er aus der Lektüre von Schrödingers *Was ist Leben?* wußte, das ihn schon damals zu einer legendären Figur gemacht hatte. Die Entscheidung, unter Luria zu arbeiten, hatte auch ein wenig mit dessen Freundschaft zu Delbrück zu tun. Delbrück imponierte dem jungen Watson vom ersten Augenblick ihres Zusammentreffens an. Watson erinnerte sich, daß er »nicht auf den Busch klopfte und die Absicht seiner Worte immer klar und eindeutig war«. Enttäuscht wurde er lediglich durch die jugendliche Erscheinung und den lebhaften Geist Delbrücks, weil er sich einen deutschen Professor immer glatzköpfig und übergewichtig vorgestellt hatte.

Bei vielen Anlässen sprach Delbrück immer wieder von Niels Bohr, dem dänischen Physiker, der zu Beginn des 20. Jahrhunderts das erste

Atommodell eingeführt hatte, das auf den Erkenntnissen der Quantentheorie aufgebaut war. Bohr hatte das Komplementaritätsprinzip eingeführt, und Delbrücks feste Überzeugung war es, daß das tiefere Verständnis der Biologie etwas mit dem Verständnis quantenmechanischer Vorgänge zu tun haben müsse. Nur theoretische Physiker seien in der Lage, die komplizierten Vorgänge der Vererbung zu begreifen. In diesem Umkreis war der junge Watson gelegentlich besorgt, daß seine »Unfähigkeit, mathematisch zu denken«, ihn daran hindern würde, jemals in der Wissenschaft etwas Bedeutendes zu leisten. Max Delbrück war für ihn eine Art »Übervater«. Und so ist es nicht weiter verwunderlich, daß er in seinem Nachruf auf Max Delbrück davon sprach, wie dieser eine Art Vaterfigur für ihn geworden sei und daß er ihn geliebt und gehaßt habe, »wie einen Vater«.

Delbrück, Luria und Hershey erhielten für ihre Arbeiten mit Bakteriophagen im Jahre 1969 den Nobelpreis für Medizin. Max Delbrück kam von der Quantenphysik, arbeitete mit Bakterien und Viren an der Erforschung der physikalischen Struktur der Gene und erhielt den Nobelpreis für Medizin. Er erzählte mir von einem Erlebnis in einer Bar in Stockholm, unmittelbar nach der Verleihung des Nobelpreises. Selbstverständlich hatte sich sehr bald herumgesprochen, wer sich in der Bar aufhielt, als ein Gast vom Barhocker fiel. Was lag für den Barkeeper näher, als den frischgebackenen Nobelpreisträger für Medizin zu bitten, sich um den Ohnmächtigen zu kümmern. Es waren für Delbrück, wie er sagte, die schlimmsten Minuten seines Lebens, bis endlich die herbeigerufene Ambulanz mit einem »richtigen« Arzt erschien.

Delbrücks Voraussicht über die Bedeutung der Bakteriophagen sollte jedoch mit der Entdeckung der Doppelhelix durch seinen Schüler Watson bestätigt werden, wenn er 1942 vorsichtig formulierte, daß »das Studium der bakteriellen Viren den Schlüssel zu grundlegenden Problemen der Biologie abgeben« könnte. Delbrück und Luria regten daher den Chemiker Alfred Day Hershey an, sich mit Bakteriophagen zu beschäftigen.

Die Bezeichnung »Virus« findet sich mit der Bedeutung von »Gift« schon bei Vergil. Edward Jenner, der Begründer der Pockenschutzimpfung in England, spricht 1801 von »The Virus of Cow Pox«, dem Virus der Kuhpocken, ohne seine wahre Natur zu kennen. Das erste nachgewiesene pflanzliche Virus war das Virus der Tabak-Mosaik-Krankheit, das erste tierische das der Maul- und Klauenseuche.

Alfred Hershey hatte 1948 stabile, »reinerbige« Phagen gezüchtet, die, wenn man so will, einfachsten »Lebewesen«, die sich denken lassen. In dieser Zeit wurde der Nachweis geführt, daß sowohl Bakterien als auch Viren Chromosomen besitzen. Man könnte die Bakteriophagen deshalb als nackte Chromosomen bezeichnen, die im Biokosmos seit Millionen von Jahren herumvagabundieren.

Sie benötigen zu ihrer Vermehrung aber immer eine »ordentliche« Wirtszelle, in die sie ihr genetisches Material injizieren können. Viren können daher auch nicht Vorstufe des Lebens sein, sondern sich allenfalls mit dem beginnenden Leben gleichzeitig entwickelt haben. Sie vermehren sich, indem sie die Produktionsmaschinerie der infizierten fremden Wirtszelle auf geschickte Weise überlisten, fremde Virusnukleinsäuren und Virusproteine herzustellen, die sich dann spontan zu neuen Viren zusammenfügen. Am Ende der Vermehrungsperiode lösen sie die Bakterienzellwand auf (Lyse) und können neue Zellen infizieren. So wie die als Bakteriophagen bezeichneten Viren Bakterienzellen befallen und zerstören, befallen wieder andere Viren die Schleimhautzellen der menschlichen Atemwege und zerstören sie, was zu einer flüssigen Absonderung führt: dem bekannten Schnupfen. Hershey konnte nachweisen, daß die genetischen Determinanten, die Gene seiner Phagen, linear aneinandergereiht waren, genau so, wie die Gene auf den Chromosomen von *Drosophila* oder dem Menschen. Man wird bemerkt haben, daß sich durch den so vielgestaltigen Biokosmos ein roter DNS-»Genfaden« zieht. Die Spaltung seines Verständnisknotens sollte das Geheimnis der Gene und damit des Lebens lüften.

Max Delbrück hatte durch die Einführung quantitativer Techniken in die Analyse der Virusvermehrung und durch ein Netz internationaler Zusammenarbeit den Bakteriophagen ihren Platz in der Geschichte der Molekularbiologie zugewiesen. Dennoch führten die legendär gewordenen jährlichen Phagenkurse in Cold Spring Harbor nicht zum erwarteten Durchbruch bei der Kenntnis der präzisen physikalischen Natur des Gens. Die kam plötzlich und unerwartet aus einem ganz anderen Teil der Welt. Doch davon später.

Durch die Entwicklung der Atomphysik und der Atomreaktortechnik nach dem Zweiten Weltkrieg standen den Wissenschaftlern nun eine Reihe von künstlich radioaktiven Atomen zur Verfügung, die in biologische Moleküle eingebaut werden konnten. Die radioaktiven Atome werden im Vergleich zu den nichtradioaktiven als Isotope bezeichnet. Die daraus hergestellten künstlich radioaktiven Moleküle unterscheiden sich chemisch und biologisch nicht von natürlich vorkommenden. Durch ihre radioaktive Strahlung sind sie aber in extrem geringen Spuren nachweisbar, die der herkömmlichen chemischen Analyse unzugänglich sind. Das, was man nachweisen kann, sind nicht die Moleküle selbst, sondern die von der Strahlung hervorgerufenen Auswirkungen, beispielsweise die Schwärzung von Röntgenfilmen. Diese neuen radioaktiven Nachweistechniken haben die Basensequenzierung des Genoms und neuartige biologische Experimente überhaupt erst möglich gemacht. Die radioaktiven Phänomene in den Atomen genau zu berechnen und zu erklären, dankt sich der Quantenphysik.

Mit Salvador Lurias Bakteriophagen führte Alfred Hershey, zusammen mit seiner Assistentin Martha Chase, 1952 ein denkwürdiges Experiment durch. Sie »züchteten« radioaktiv markierte Phagen, die auf den sehr einprägsamen Namen »T2-Phagen« hören, der englische Fachausdruck ist »T even Phages«. Es gibt nämlich eine ganze Sippschaft dieser Bakterienkillerviren mit geradzahligen Indizes wie T4, T6 oder T8. Da Schwefel in Proteinen vorkommt, nicht jedoch in Nukleinsäuren, markierten Hershey und Chase die Proteine einer T2-Phagen-Population mit dem radioaktiven Schwefelisotop ^{35}S, die

Nukleinsäuren einer anderen, genetisch identischen Population mit dem radioaktiven Phosphorisotop ^{32}P, da Phosphor nur in der DNS vorkommt, nicht in Proteinen. Bei einer Hälfte der Phagen-Population waren also die Proteine radioaktiv markiert, bei der anderen die Nukleinsäuren. Man könnte fast meinen, die Natur habe die Phosphor- und Schwefelverteilung in den biologischen Schlüsselmolekülen so eingerichtet, um das Protein-Paradigma der Vererbung ad absurdum zu führen und die Molekularbiologie voranzubringen, so daß bis zum Ende des 20. Jahrhunderts das gesamte menschliche Genom entschlüsselt werden konnte. Da die Isotope sich physikalisch nur durch ihr Gewicht, nicht durch ihre chemischen Eigenschaften unterscheiden, können die biologischen Systeme auch nicht zwischen ihnen unterscheiden.

In zwei separaten Ansätzen wurde nun ein E.-coli-Bakterienstamm kurzzeitig infiziert, dann in einem ordinären Küchenmixer ordentlich durchgeschüttelt, um die auf der Oberfläche haftenden Phagen wieder zu entfernen. Die infizierten Bakterienzellen wurden dann auf den Boden eines Reagenzglases abzentrifugiert. Im Überstand fand sich die Schwefel-Radioaktivität der markierten Eiweiße und in den E.-coli-Zellen am Boden die Phosphor-Radioaktivität der markierten DNS. Auch die genetischen Nachkommen der Phagen, die sich als identische T2-Phagen erwiesen, waren mit radioaktivem Phosphor markiert, nicht mit radioaktivem Schwefel.

Dieses Experiment wies nach, daß das genetische Prinzip nicht die Proteine sein können, sondern eindeutig die Nukleinsäuren. Aber es zeigt auch, daß das genetische Material der Viren ebenfalls aus Nukleinsäuren bestehen muß.

Das Ergebnis teilt Hershey im Herbst 1952 in einem langen Brief seinem Freund James Watson mit, der sich gerade am Cavendish-Laboratorium in Cambridge mit der Struktur der DNS beschäftigt. Wie wir bereits wissen, hatte Watson im Herbst 1947 in einem Kursus, den Salvador Luria an der Indiana University hielt, erstmals etwas über Nukleinsäuren erfahren und dabei auch Al Hershey kennengelernt.

Wie wichtig Hersheys Beweis für Watsons Arbeit war, erfahren wir noch Jahrzehnte später, wenn er schreibt, daß Francis und er die »Doppelhelix nur elf Monate nach dem Erhalt des langen Hershey-Briefes, in dem er mir sein Küchenmixerexperiment mitgeteilt hat«, herausfanden.

Mit dem eindeutigen Beweis, daß das genetische Material in Bakterien und Viren DNS ist, ergab sich eine verallgemeinernde Sicht auf die Grundlage der Vererbung aller Organismen. Auch auf der Ebene der Nukleinsäuren, der Vererbungsmoleküle, zieht sich der Darwinsche Evolutionsgedanke durch den gesamten Biokosmos, durch das Königreich der Tiere und Pflanzen, wie er es rührend nannte. Wenn aber die DNS das Molekül der Vererbung darstellt, dann könnte die exakte dreidimensionale Struktur des Moleküls möglicherweise etwas über den genauen Mechanismus der Vererbung aussagen und »das Geheimnis des Lebens«, wie Watson es nannte, lösen helfen.

Die schlichte Welt der Desoxyribonukleinsäuren

Wir haben gesehen, daß für die verschiedenen Funktionen der Proteine nicht allein die Reihenfolge der 20 verschiedenen Aminosäuren verantwortlich ist, sondern die sich daraus ergebende »höhere« räumliche Struktur. Wenn in der DNS die Erbinformation gespeichert ist, dann müßte, so folgerten Watson und Crick, in der präzisen räumlichen Struktur der DNS das »Geheimnis des Lebens« begründet sein, ähnlich wie bei den Proteinen. Ohne selbst auch nur ein einziges Experiment durchzuführen, griffen sie auf experimentelle Daten anderer Forscher zurück und versuchten, eine räumlich stimmige Struktur zu finden, die den Tatsachen der experimentellen Daten gerecht wird. Die Biochemiker hatten herausgefunden, daß die DNS, ebenso wie die Proteine, aus einer langen Kette von linear aneinandergereihten Bausteinen, den Nukleotiden, aufgebaut ist. Wie die Proteine lineare Polymere aus Aminosäuren sind, sind die Nukleinsäuren lineare Polymere aus Nukleotiden. Jedes Nukleotid besteht aus einem Zucker, einer Phosphorsäure und aus jeweils einer von vier unterschiedlichen sogenannten Basen nämlich: Thymin, Adenin, Cytosin und Guanin, abgekürzt T, A, C und G.

Die Nukleinsäuren werden immer beginnend mit der Phosphorsäure, dem sogenannten 5´-Ende, bis zur OH-Gruppe, dem sogenannten 3´-Ende dargestellt. Für die vier Basen in der Reihenfolge T, A, C und G würde das in folgender Weise dargestellt: 5´-Phosphor-T-A-C-G-OH3´. Die Reihenfolge TACG wird als Basensequenz bezeichnet. *(Vgl. Abb. 2)*

Alle Vererbungsmoleküle im gesamten Biokosmos bestehen aus der linearen Verknüpfung der vier unterschiedlichen Nukleotide, die wir vereinfachend nur mit den großen Anfangsbuchstaben ihrer Basenanteile bezeichnen. Die gesamte Länge dieser Buchstabenschrift erstreckt sich von einigen tausend solcher Buchstaben bei den Bakterien bis zu über drei Milliarden beim Menschen. Immer sind es die vier Buchstaben T A C G, jedoch in unterschiedlichster Reihenfolge. Leichter konnte die Natur es unserem Verständnis wirklich nicht machen: Die exakte lineare Sequenz von vier unterschiedlichen Basenbuchstaben legt die exakte Sequenz von 20 unterschiedlichen Aminosäuren fest: 24 relativ »kleine« Moleküle sind die Grundbausteine des Lebens. Damit benötigt der Biokosmos eine etwas größere Anzahl an Grundbausteinen als das Universum, der physikalische Kosmos, der mit nur dreien auskommt: Proton, Neutron und Elektron.

Aus der präzisen räumlichen Struktur und dem Zusammenspiel von Hunderttausenden dieser Riesenmoleküle muß sich das Leben zusammensetzen. So blieb zu Beginn der 50er Jahre des letzten Jahrhunderts die Frage nach dem Aussehen der räumlichen Struktur bestehen, nach der Art und Weise, wie das Zusammenspiel funktioniert und wie sich aus dieser Interaktion Vererbung erklären läßt. Die genaue räumliche Struktur der Proteine kennen wir bereits, was uns noch fehlt, ist die räumliche Struktur der DNS, von der wir ja durch das Küchenmixerexperiment wissen, daß sie das Molekül der Vererbung ist.

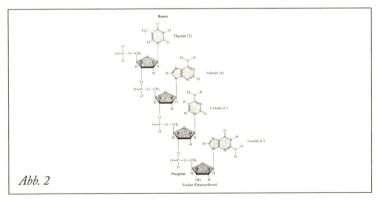

Abb. 2

Zwei wissenschaftliche Clowns lösen das Geheimnis des Lebens: *Watson und Crick*

Das für die Vererbung verantwortliche Substrat hatte drei grundsätzliche Anforderungen zu erfüllen: Erstens mußte es in chemisch stabiler Form die Information für Struktur, Funktion, Entwicklung und Vermehrung eines Organismus enthalten; zweitens mußte es in der Lage sein, diese Information präzise zu verdoppeln, damit die nachfolgenden Generationen dasselbe genetische Material erhalten wie die Eltern; schließlich mußte es auch Variationen zulassen, denn ohne diese hätten die Organismen sich nicht an veränderte Umweltbedingungen anpassen können und Evolution wäre nicht möglich gewesen. War dieses Substrat einmal gefunden, mußte seine genaue dreidimensionale Struktur den Schlüssel für das Geheimnis des Lebens liefern. Jedenfalls war das die Vorstellung eines jungen englischen Physikers und eines noch jüngeren amerikanischen Biologen, mit der sie sich an die Aufgabe wagten, den Schleier, der über dem Geheimnis des Lebens lag, zu lüften.

Erwin Chargaff, ein exzellenter Kenner der Chemie der Nukleinsäuren, hatte 1951 eine Arbeit publiziert, in der er eine höchst aufschlußreiche Entdeckung mitteilte: In den Nukleinsäuren unterschiedlicher Arten, die er untersucht hatte, war das Verhältnis von Adenin (A) zu Thymin (T) und das von Guanin (G) zu Cytosin (C) immer gleich. Das wurde bekannt als die sogenannte Chargaff-Regel. Watson und Crick, die Chargaff wegen ihrer unkonventionellen naturwissenschaftlichen Arbeitsweise in einem Brief einmal als »wissenschaftliche Clowns« bezeichnet hatte, wußten, daß es zwischen den Basen Adenin und Thymin, wenn sie sich in einer sehr nahen räumlichen Anordnung gegenüberstanden, zur Ausbildung von Wasserstoffbrücken zwischen bestimmten Stickstoff(N)- und Sauerstoff(O)-Atomen kommt. Das Wasserstoffatom (H) bildet dabei, wie sie es in Linus Paulings Buch nachlesen konnten, eine schwache chemische »Verbindungsbrücke« zwischen dem Stickstoff- und dem Sauerstoffatom. Die chemische Bindung über die sogenannte Wasserstoffbrücke ist ungefähr 10mal schwächer als die kovalente Phosphorsäurediester-Bindung zwischen den einzelnen Nukleotiden der Nukleinsäuren oder die zwischen der Aminogruppe ($^{+3}$HN) und der Säuregruppe (COO$^-$) der Peptidbindung zwischen den einzelnen Aminosäuren in den Proteinen. Aber 10 solcher Wasserstoffbrücken hätten dann dieselbe »Bindungsfähigkeit« wie eine »ordentliche« chemische Bindung, die man auch kovalente Bindung nennt. Bei einigen tausend solcher Wasserstoffbrücken, wie sie in den Riesenmolekülen des Lebens vorkommen können, entstehen so beträchtliche Bindungskräfte, die die räumlichen Strukturen solcher Moleküle stabilisieren.

Für einige Proteine hatte das Linus Pauling ja bereits gezeigt. Es lag nahe, daß solche Wasserstoffbrücken auch bei der DNS, einem Riesenmolekül ungeheuren Ausmaßes, eine bedeutende Rolle spielen mußten. Bisher war eine derartige Bindung aber nur zwischen den Basen Adenin (A) und Thymin (T) nachgewiesen worden.

Ob auch zwischen Guanin (G) und Cytosin (C) eine Wasserstoffbrücke möglich war, war nicht sicher, da keine Eindeutigkeit darüber bestand, wie die Wasserstoffatom(H)-Verteilung unter physiologischen Zellbedingungen im Guaninmolekül vorlag. Die Lehrbücher der Chemie favorisierten eine Form, bei der es nicht zu einer Wasserstoffbrücke zwischen G und C kommen konnte. Und auch bei Linus Pauling fand sich kein Hinweis darauf. Watson schreibt später darüber, daß die »exakte räumliche Form der vier Basen – die Teile der Nukleotide, die sie allein unterscheiden – kritisch war, um ein realistisches Modell zu bauen«, und fährt fort, daß die korrekte Anordnung der Basen der gegenüberliegenden Stränge der Doppelhelix zusammenpassen müßten wie

»Teile eines Puzzles«. Genau diese Vorstellung hatten ja Delbrück und Pauling für die Struktur des genetischen Codes gehabt.

In einem Brief, den Watson am 12. März 1953, wenige Tage vor der Übersendung ihrer kurzen »Puzzlearbeit«, an die Fachzeitschrift *Nature* seinem Mentor Delbrück schreibt, erklärt er das Modell der Doppelhelix, und im Postscriptum sagt er, es wäre ihnen lieber, »wenn Du Pauling gegenüber diesen Brief nicht erwähnst«. Diesen berühmten Brief mit der ersten inoffiziellen, sozusagen freundschaftlich privaten Darstellung der dreidimensionalen Struktur der DNS machte Watson im Anhang seines Buches *Die Doppelhelix* der Öffentlichkeit im Faksimile zugänglich. Noch zu Lebzeiten Delbrücks wird er in das Archiv des California Institute of Technology aufgenommen. Vor 25 Jahren hat Max Delbrück mir diesen Brief, der erstmals die Lösung des Geheimnisses des Lebens enthält, gezeigt.

Aber auch der Zufall spielt in den exakten Naturwissenschaften gelegentlich eine entscheidende Rolle. Es war der Chemiker John Griffith, der Francis Crick auf die Möglichkeit einer Anziehung (Wasserstoffbrückenbindung) zwischen Adenin und Thymin und möglicherweise auch zwischen Guanin und Cytosin aufmerksam machte. Dann erwähnte James Watson in *Die Doppelhelix* den amerikanischen Kristallographen Jerry Donohue, der sich gleichzeitig mit Watson am Cavendish-Laboratorium in Cambridge aufhielt. Donohue hatte sich längere Zeit intensiv mit der Chemie und der räumlichen Anordnung der Atome in den organischen Basen beschäftigt. Als Watson ihn um Rat fragte, erklärte er, daß die Anordnung der Atombindungen für Guanin und Cytosin in den Lehrbüchern nicht stimme und daß seiner Meinung nach im Lebensmilieu der Zelle selbstverständlich auch Guanin über Wasserstoffbrückenbindungen mit Cytosin verbunden sei, sogar durch drei Wasserstoffbrücken, im Gegensatz zu Adenin und Thymin, wo es nur zwei gäbe. Adenin ist über die Basenpaarung zu Thymin und Guanin zu Cytosin komplementär; sie werden daher als komplementäre Basen bezeichnet. Man könnte sie auch als zwei ineinander passende Teile eines Puzzles betrachten.

Jetzt wurde für die beiden »wissenschaftlichen Clowns« die Chargaff-Regel verständlich: Wenn man annahm, daß in den Chromosomen die DNS als Doppelstrang vorliegt und sämtliche Adeninmoleküle immer mit Thymin über Wasserstoffbrücken verbunden sind, wie andererseits sämtliche Guaninmoleküle mit Cytosin, dann mußte auch das Verhältnis von Adenin zu Thymin und das von Guanin zu Cytosin zwangsläufig in jeder DNS immer 1:1 sein, ganz so, wie Erwin Chargaff es gefunden hatte. Was die »anmutige« Form des DNS-Modells, wie Watson es später ausdrückte, ausmachte, war der Umstand, daß sich immer eine der größeren Basen A oder G mit einer der kleineren T oder C über eine Wasserstoffbrücke paarte, wie es dann in der ersten Publikation genannt wurde. Paaren klingt ja auch viel einfühlsamer und biologischer als: »... damit sich eine Wasserstoffbrücke bilden kann, muß das Donoratom elektronegativ sein, so daß die kovalente Bindung polar wird, und die äußere Schale des Akzeptormoleküls muß mindestens ein nichtbindendes Elektronenpaar besitzen.« Die Wasserstoffbrückenbindung der kleineren mit der größeren Base garantiert auch, daß der Durchmesser der DNS-Doppelhelix an jeder Stelle gleich ist. *(Vgl. Abb. 3)*

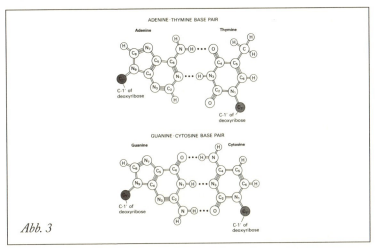

Abb. 3

Schließlich hatte die englische Kristallographin Rosalind Franklin, die unter dem Physiker Maurice Wilkins am King's College in London arbeitete, Röntgenstrukturuntersuchungen an kristallisierter DNS durchgeführt und damit wichtige Daten für die Anordnung der einzelnen Nukleotide im DNS-Molekül geliefert. Auch Wilkins, der mit Watson und Crick gemeinsam den Nobelpreis für die Entdeckung der Doppelhelix erhielt, hatte, nach der Lektüre von Schrödingers Buch, begonnen, sich für die physikalischen Grundlagen des Lebens zu interessieren. Im Jahre 1950 erhielt er bei einer wissenschaftlichen Tagung eine sehr reine DNS-Probe, von der er unverzüglich die ersten brauchbaren »Röntgenbilder« anfertigte. Diese ersten Aufnahmen sah Watson 1951 während einer Tagung in Neapel, und sie erregten sofort sein Interesse.

Die Röntgenstrukturanalyse in *Abbildung 4* ist das von Rosalind Franklin Ende 1952 aufgenommene »Röntgenbild« kristalliner DNS der sogenannten B-Form. Dr. Francis Crick, »Facharzt für Röntgenstrukturanalyse«, stellte daraus folgende Diagnose: Das DNS-Molekül besteht in der Tat aus zwei DNS-Strängen, deren Rückgrat die über die Phosphorsäuren gebundenen Zucker bilden. Zwischen den beiden Strängen stehen sich die Basen, verbunden über Wasserstoffbrücken,

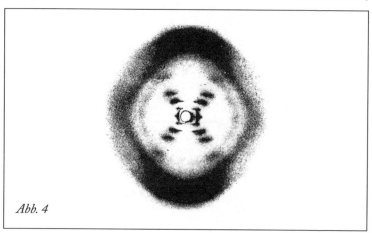

Abb. 4

gegenüber, wie die Stufen einer Wendeltreppe. Der lineare Abstand zwischen zwei Basen, die Stufenhöhe, beträgt 0,34 Nanometer (0,34 Milliardstel Meter). Nach 34 Nanometern wiederholt sich die räumliche Struktur, die Wendeltreppe hat eine ganze Spirale vollzogen.

Francis Harry Crick hatte allerdings während der Arbeit an der DNS noch gar keinen Doktortitel, da er seine Dissertation noch nicht eingereicht hatte. Die »kleine« Publikation von etwas mehr als einer Seite in *Nature*, die ihm den Nobelpreis einbrachte, erschien vor seiner Doktorarbeit.

Watson und Crick machten sich daran, aus allen diesen Daten mittels Pappe, Draht und Klammern ein maßstabgetreues Modell zu basteln, das allen experimentellen Befunden gerecht wurde. Sie selber hatten, wie erwähnt, nicht ein einziges Experiment durchgeführt, denn Francis Crick hielt es für unter seiner Würde, sich mit einem Experiment die Hände schmutzig zu machen.

In dem Brief vom 12. März 1953 beschreibt Watson die DNS-Doppelhelix so: »Die Grundstruktur ist spiralförmig – sie besteht aus zwei miteinander verflochtenen Helices –, das Innere der Helix ist mit den Purin- und Pyrimidinbasen besetzt. Die Phosphatgruppen befinden sich an der Außenseite. Die Helices sind nicht identisch, sondern komplementär, so daß, wenn die eine Helix ein Purin hat, die andere ein Pyrimidin enthält. Diese Eigenschaft ergab sich bei dem Versuch, die Reste äquivalent zu machen und gleichzeitig die Purin- und Pyrimidinbasen in das Zentrum zu setzen. Die paarweise Verbindung der Purine mit den Pyrimidinen stimmt sehr genau und wird durch ihr Bestreben bestimmt, Wasserstoffbrückenbindungen zu bilden. Adenin paart sich mit Thymin, während sich Guanin stets mit Cytosin paart.« Besser als der Entdecker selber kann man es nicht sagen.

Abbildung 5 zeigt die schematische Darstellung ihres Doppelhelix-Modells. Die beiden Zucker-Phosphat-Rückgrate winden sich antiparallel, einmal in 5´-3´-Richtung und einmal in 3´-5´-Richtung (unterschiedliche Pfeilrichtungen), wendeltreppenartig umeinander. In ihrer Mitte stehen sich, wie die Stufen einer Wendeltreppe, über Was-

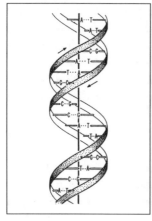

Abb. 5 u. 6

serstoffbrücken zusammengehalten, in nicht periodischer Reihenfolge die komplementären Basen gegenüber. Man erkennt deutlich, daß sich die räumliche Struktur nach 10 Basenpaaren wiederholt. Denn wenn nach dem »Röntgenbild« der lineare Abstand zwischen zwei Basen eines Stranges 0,34 Nanometer beträgt und sich nach 34 Nanometern die Wendeltreppenspirale wiederholt, dann müssen sich immer je 10 Basen dazwischen komplementär gegenüberstehen.

Abbildung 6 zeigt Watson und Crick vor ihrem Modell, das Foto ist im März 1953 aufgenommen, stammt also noch aus der Zeit vor der Fertigstellung der endgültigen Publikation. Man erkennt, daß sie dieses Modell nicht, wie ihr Vorbild und Konkurrent Linus Pauling, im Bett entworfen und zusammengebastelt haben können. Darüber hinaus lassen die korrekt sitzenden Krawatten vermuten, daß sie sich beim Basteln nicht die Hände beschmutzt haben. Watson schwärmte noch Jahre später vom »anmutigen Charakter des Resultats« und sagte, daß »die Wahrheit ebenso einfach wie hübsch aussehen muß«. Einfachheit und Schönheit der Formeln und Modelle als Argument für die Richtigkeit werden auch immer wieder in der Quantenphysik herangezogen. Neben der »Anmut« als Kriterium der Wahrheit erfüllte die Doppelhelix auch noch das der korrekten Wiedergabe der genetischen Wirklichkeit.

Nachdem Crick lauthals im »Eagle«, einem Pub in Cambridge, verkündet hatte, »honest Jim«, der »ehrenwerte Jim«, wie James Watson gelegentlich von seinen Freunden zweideutig genannt wurde, und er hätten das Geheimnis des Leben herausgefunden, schickten sie die Ergebnisse ihrer Arbeit am 2. April 1953 an die Wissenschaftszeitschrift *Nature*. Die endgültige Fassung war am letzten Märzwochenende fertig geworden. Da am Wochenende im Cavendish-Laboratorium keine Schreibkraft zur Hand war, hatten die beiden »Clowns« Watsons Schwester Elizabeth überredet, einen Samstagnachmittag zu opfern. Sie waren sich offenbar nicht nur für wissenschaftliches Experimentieren zu schade. Geködert hatten sie Betty damit, daß sie auf diese Weise an dem »wahrscheinlich größten Ereignis in der Biologie seit Darwins Buch beteiligt sei«. Für ein Foto sub specie aeternitatis muß man eben auch korrekt gekleidet sein. Im April erschien dann, auf etwas mehr als einer Seite, als »Brief an den Herausgeber« ihre Arbeit, die bescheiden so begann: »Wir möchten eine Struktur für das Salz der Desoxyribonukleinsäure (DNS) vorschlagen. Diese Struktur besitzt neuartige Eigenschaften, die von beträchtlichem biologischen Interesse sind.« Natürlich war ihnen sofort klar, daß in der »aperiodischen« Reihenfolge der Basen, wie in der menschlichen Buchstabenschrift, die Erbinformation verschlüsselt sein müsse und daß das Geheimnis des Lebens und der Vererbung in der Kopie eines komplementären DNS-Stranges liegen müsse, der den elterlichen, mittels der Basenpaarung über die Wasserstoffbrücken, als Schablone benutzt. Das Geheimnis der Geninformation ist also von der Natur nicht in 26 Buchstaben, sondern in vier Basenbuchstaben verschlüsselt. Beide Annahmen sollten in den darauffolgenden Jahren wieder und wieder bestätigt werden. Der Schlußsatz ihrer »kleinen« Nobelpreisarbeit erwies sich so als eines der folgenreichsten Postulate in der Entwicklung der modernen Biologie in der zweiten Hälfte des 20. Jahrhunderts, die ihren vorläufigen krönenden Abschluß in der Ermittlung der vollständigen Basensequenz des menschlichen Erbguts finden sollte. Er war darüber hinaus eine Meisterleistung an Bescheidenheit und Understatement: »Es ist unserer Aufmerksamkeit nicht entgangen, daß der spezifische Paarungsmechanismus, den wir postuliert haben, sofort einen möglichen Kopiermechanismus für das genetische Material nahelegt.«

Es war in der Tat der Schlüssel zum Geheimnis des Lebens und der Vergleich mit Darwins *Ursprung der Arten* von 1859 gewagt, aber bei weitem nicht zu hoch gegriffen. Die Bedeutung für die gesamte biologische Forschung war Watson, wenn man ihm glauben darf, während der Arbeit an der Struktur der Doppelhelix klar, er faßte schon damals den Entschluß, ein Buch darüber zu schreiben. 13 Jahre nach der Veröffentlichung der dreidimensionalen DNS-Struktur erscheint dann 1968 *The Double Helix* beim Verlag Weidenfeld & Nicolson in London. Ein wissenschaftliches Buch, das, ein Novum zu der Zeit, sehr schnell ein Bestseller wurde.

Noch heute liest es sich wie ein Kriminalroman, allerdings mit einem bitteren, antifeministischen Beigeschmack. Eine der Grundlagen für die Doppelhelix waren die präzisen »Röntgenbilder«, die Rosalind Franklin angefertigt hatte. Die Beschreibung der Persönlichkeit Rosalind Franklins, von Watson und Crick hinter ihrem Rücken »Rosy« genannt, ist so unangenehm herablassend, daß Erwin Chargaff, der Rosalind Franklin persönlich kannte, sogar von einer »undankbaren Persiflage« spricht.

Rosalind Franklin kam von der St. Paul's Mädchenschule in London und graduierte an der Cambridge University. Zu der Zeit, als sie von Paris in das Labor von Wilkins wechselte, untersuchte sie die Kristallstruktur von Kohle. Das moderne Gebiet der Kohlestrukturforschung geht wesentlich aus ihren Arbeiten hervor. Watson und Crick haben ihr die wichtigen DNS-Ergebnisse schlicht gestohlen.

Im Juni 2001 gab Watson einer großen deutschen Tageszeitung ein Interview, in dem er sich offen zu seinem Atheismus bekannte. Er selbst gehöre zu denjenigen, die Religion für »totalen Mist« hielten, weil er »Beweise, selbst wenn es um Gott geht, brauche«. Ich will diese Einstellung nicht kommentieren, auch nicht mit der Kritik aller Gottesbeweisführungen, die Immanuel Kant schon im 18. Jahrhundert formuliert hat. Aber für unseren Zusammenhang ist bemerkenswert, daß Watson erklärte, er habe »die Struktur der Gene entdeckt«, weil er zu jener Zeit »eine Freundin finden wollte«. Rosalind Franklin entsprach wohl nicht seinen Vorstellungen, aber auf der Suche nach dem Geheimnis der Liebe fand der »Einstein der Biologie«, wie ihn Max Delbrück einmal nannte, das große Geheimnis des Lebens.

Einige Jahre vor Erscheinen der *Doppelhelix* war Rosalind Franklin, deren wissenschaftliche Arbeit auch für die Erforschung bösartiger Erkrankungen grundlegend werden sollte, an den Folgen eines Krebsleidens verstorben. Im Epilog zu seinem Buch spricht Watson davon, daß sich seine »ersten (in diesem Buch festgehaltenen) Eindrücke von ihr – sowohl in persönlicher als auch in wissenschaftlicher Hinsicht – weitgehend als falsch erwiesen haben. Allein die Tatsache, daß sie die A- und B-Form der DNS unterschied, hätte genügt, um sie berühmt zu machen.« Unerklärlich bleibt, warum der »ehrenwerte Jim« seine abschätzigen Bemerkungen über Rosalind Franklin nicht aus dem Text gestrichen hat. Auch diese Episode gehört leider zur Geschichte der Entschlüsselung des menschlichen Genoms.

Selbstverdoppelung, Symmetriebrechung und ein Kindskopf als Codeknacker: *George Gamow*

Es lohnt sich, den von Watson und Crick vorgeschlagenen Kopiermechanismus genau anzusehen. Es sollte sich nämlich Jahrzehnte später herausstellen, daß gerade eine Besonderheit dieses Vorgangs, der die Grundlage der Vererbung ist, den Schlüssel für die DNS-Basensequenzierung des Genoms lieferte. Die Annahme, daß die genetische Information in der schier endlosen aperiodischen Sequenz der Basenbuchstaben verschlüsselt ist, hat sich bestätigt. Außerdem müssen die beiden DNS-Stränge, um die »anmutige Struktur« der harmonischen Doppelhelix zu ergeben, antiparallel verlaufen. Mit anderen Worten, in der Doppelhelix verläuft ein elterlicher DNS-Strang vom 5´- zum 3´-Ende, der andere antiparallel vom 3´- zum 5´-Ende, wie in *Abbildung 5* zu sehen. Die Wasserstoffbrücken führen in großer Anzahl zu einem Reißverschlußeffekt, durch den die beiden Stränge fest, aber reversibel zusammengehalten werden. Vor der Verdoppelung des genetischen Materials müssen die Wasserstoffbrücken der komplementären Basen die beide DNS-Stränge zusammenhalten, enzymatisch gespalten und nach dem Reißverschlußprinzip getrennt werden. An den elterlichen Einzelsträngen werden jetzt gemäß der komplementären Basenpaarung die Tochterstränge gleichfalls wieder enzymatisch kopiert. Was passiert aber im einzelnen mit der genetischen Information? Betrachten wir dazu von oben nach unten die kurze Informationssequenz T C A G, in *Abbildung 7*, im »linken« elterlichen Strang. Sie findet sich im Tochterstrang, der am »rechten« elterlichen Strang kopiert wurde, wieder, ist also nicht verloren gegangen und

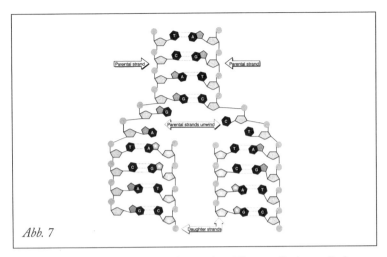

Abb. 7

kann in die nächste Zelle vererbt werden. Ebenso die kurze Informationsseqenz im »rechten« elterlichen Strang A G T C. Diese findet sich im Tochterstrang wieder, der am »linken« elterlichen Strang synthetisiert wurde, ist also ebenfalls nicht verlorengegangen und kann in die nächste Zelle vererbt werden. Wie man sieht, verfährt die Vererbung semikonservativ, in einer ausgewogenen Mischung von alter und neu synthetisierter DNS. Wobei der neue Strang in seinem Informationsgehalt dem alten Strang der Gegenseite entspricht. Die Vererbung vollzieht sich in der Evolution semikonservativ aus einer ausgewogenen Mischung von altem und neuem Erbe.

Allerdings wirft die antiparallele Struktur der beiden Stränge der Doppelhelix ein ernstes Problem bei der Verdoppelung der Erbinformation auf. An der Aufspaltungsstelle der beiden elterlichen Stränge, der sogenannten Replikationsgabel, müssen beide Tochterstränge fortlaufend synchron kopiert und verlängert werden. Allerdings bewegt sich die Replikationsgabel des einen elterlichen Stranges von der 5´- in die 3´-Richtung, die des anderen elterlichen Stranges aber von der 3´- in die 5´-Richtung, und schreitet dabei mit einer Geschwindigkeit von etwa 1000 Basen pro Sekunde fort. Das Problem ergibt sich nun daraus, daß die DNS-Polymerase, ein Enzym, das an einem elterlichen Strang über den Mechanismus der Basenpaarung den neuen Strang kopiert und verlängert, sich nur vom 5'- zum 3'-Ende fortbewegen kann, denn es benötigt immer die freie 3'-OH-Gruppe am Zucker des vorangehenden Nukleotids. Daher braucht die Polymerase auch am Anfang ihrer Kopiertätigkeit die freie OH-Gruppe eines sogenannten Primers. Sie ist offenbar so hochspezialisiert, daß sie ohne die freie OH-Gruppe den DNS-Strang nicht weiter kopierend verlängern kann und an dieser Stelle die Synthese des komplementären Stranges beenden muß. Diese »Schwäche« gilt für alle bisher entdeckten DNS-Polymerasen, macht sie aber für die Genomforschung gerade dadurch zum idealen Werkzeug für die Basensequenzierung. Ohne diese strikte Abhängigkeit von der freien OH-Gruppe hätte man auf eine geniale Form der Gensequenzierung verzichten müssen.

Der Vorgang der DNS-Verdoppelung zeigt einmal, wie kompliziert der grundlegende Kopiermechanismus der Vererbung abläuft. Zusätzlich muß aber auch noch die »anmutige« helikale Symmetrie kurzfristig ganz entscheidend gebrochen werden, um die Geninformation zu verdoppeln und ein neues »Lebewesen« entstehen zu lassen. Auch bei der Entstehung des Universums wurde eine bestimmte physikalische Symmetrie kurzfristig gebrochen, damit das Universum überhaupt entstehen konnte.

Die streng richtungsabhängige Eigenschaft der DNS-Polymerase ist für die Sequenzierung des Genoms unersetzlich. Die Fähigkeit der sogenannten DNS-Ligase, zwei DNS-Bruchstücke zu verknüpfen, ist für die Herstellung von rekombinanter DNS bei der Genmanipulation von entscheidender Bedeutung. Wir werden bald sehen, daß sich hinter der ominösen Genmanipulation letztlich nichts anderes verbirgt als die Erkennung, Kopierung und Verschiebung von Satzbruchstücken und längeren Texten innerhalb des gesamten Biokosmos. Diesen vielgestaltigen Biokosmos und die Moleküle der Vererbung durchzieht ein überschaubares Muster richtungsabhängiger linearer Strukturen: die lineare Anordnung der Gene auf der DNS sämtlicher Lebewesen, die lineare Verknüpfung der Basen und Aminosäuren zu Nukleinsäuren und Proteinen, die lineare Richtungsabhängigkeit der Polymerasen. Aber wie sieht die Verknüpfung der unterschiedlichen linearen Strukturen – Polynukleotid (Nukleinsäure) und Polypeptid (Protein) – aus, um am Ende ein lebendiges Wesen entstehen zu lassen? Wie sieht der Querfaden aus, der sich von der DNS im Zellkern an die Orte der Eiweißsynthese im Zellplasma zieht? Wie gelangt die genetische Information über die lineare Struktur der Proteine aus dem Zellkern in das Zytoplasma?

Ein Jahr, bevor Watson und Crick die lineare Reihenfolge der Basen in der DNS als genetische Informationsschrift erkannten, hatte der englische Biochemiker Frederick Sanger die erste vollständige Reihenfolge der 51 Aminosäuren des Eiweißhormons Insulin ermittelt. Genaugenommen besteht das Insulinmolekül aus zwei Polypeptidketten, einer A-Kette mit 21 und einer B-Kette mit 30 Aminosäuren, die über zwei Disulfidbrücken miteinander verbunden sind. Es war eine Offenbarung und eine Enttäuschung zugleich. In der Aminosäuresequenz ließ sich keine Regelmäßigkeit, keine Besonderheit entdecken. Heute kennt man Zehntausende von Sequenzen verschiedener Proteine, für sie gilt dasselbe; mit Hilfe moderner Untersuchungs- und Rechenmethoden läßt sich ein allgemeines Gesetz ableiten: Es ist das Gesetz des Zufalls. Jedes Insulinmolekül des Menschen hat allerdings notwendigerweise immer dieselbe lineare Sequenz der bekannten 20 Aminosäuren. Überdies zeigte sich, daß die Reihenfolge der Aminosäuren des Insulins von Schwein, Rind und Mensch nahezu identisch ist, bis auf wenige Unterschiede, die aber für die eigentliche Funktion nicht entscheidend sind. Sonst hätten Diabetiker nicht über viele Jahre Schweine- und Rinderinsulin zur Behandlung ihrer Krankheit benutzen können. Das hat sich inzwischen entscheidend geändert, weil es gentechnisch gelungen ist, reines menschliches Insulin von Bakterien herstellen zu lassen. Das ist nur deshalb möglich, weil die DNS-Informationsschrift und die zellulären Apparate zur Eiweißsynthese von Bakterium und Mensch identisch sind. Der Informationsabschnitt für das menschliche Insulin-Gen wird dazu kurzerhand in das Genom einer *E.-Coli*-Zelle manipuliert.

Wenn die genetische Information für lebenswichtige Eiweißkörper in der linearen Reihenfolge der Basen in der DNS liegt, dann muß die lineare Basensequenz etwas zu tun haben mit der linearen Sequenz der Aminosäuren in den Eiweißen. Aber auf welche Art und Weise? Experimente mit radioaktiv markierten Aminosäuren hatten eindeutig gezeigt, daß die Eiweißsynthese im Zellplasma stattfindet, also nicht im Zellkern, in dem sich die DNS befindet. Außerdem konnten Experimente mit radioaktiv markierten Basen zeigen, daß die DNS den Zellkern nicht verläßt. Wer also brachte die Genbotschaft für den Bau der Eiweiße, die für alle Lebensprozesse so entscheidend sind, aus dem Zellkern an die Orte der Eiweißsynthese? Wie war die Botschaft für den Aufbau der Eiweiße, der ja entscheidend in der linearen Reihenfolge der Aminosäuren begründet ist, verschlüsselt?

Nach einigen Jahren fieberhafter Suche konnte 1961 der »Gen-Bote« ermittelt werden. In der Mitteilung in *Nature* wurde er ein »unstabiles Zwischenglied« genannt, daß die »Information von den Genen zu den Ribosomen für die Eiweißsynthese« trägt. Es war eine Nukleinsäure, der das Sauerstoffatom am zweiten Kohlenstoffatom des Zuckers eben nicht fehlt: Der Zucker ist also keine Desoxyribose (das Sauerstoffatom fehlt am C_2-Atom), sondern eine Ribose. Die Bezeichnung für diese Nukleinsäure lautet daher nicht Desoxyribonukleinsäure, sondern Ribonukleinsäure. Wegen ihrer besonderen Funktion wurde sie Boten-Ribonukleinsäure (Boten-RNS oder englisch »messenger RNS«) genannt. Aber sie unterscheidet sich nicht nur in dem Zucker, sondern auch noch in einer Base; anstelle des Thymins befindet sich in der Boten-RNS die Base Uracil (U). Das Basenpaarungsmuster zwischen DNS und Boten-RNS ist also die bekannte G-C-Komplementarität, aber anstelle des A-T-Basenpaares findet sich das Basenpaar A-U. Die Natur mußte offensichtlich sehr strikt zwischen der reinen genetischen Information der DNS im Zellkern und der genetischen RNS-Botschaft, die den Zellkern verlassen kann, unterscheiden. Wir wissen nicht genau, warum das so sein muß, aber vermutlich hat es etwas mit der »Exklusivität« der Befehls- und Informationszentrale des Zellkerns zu tun. Jedenfalls übernimmt die Informations- und Befehlszentrale in der Biologie keine Botengänge. Unser Denken in Hierarchien ist vermutlich etwas von der Natur seit Urzeiten Vorgegebenes. Im Kontext einer modernen Demokratie kann man Nukleinsäuren und Proteine mit Legislative und Exekutive vergleichen. Die Demokratie ist allerdings etwas in der Evolution sehr spät Erworbenes, damit hängt möglicherweise ihre prekäre Anfälligkeit zusammen. Sie ist aus dem Intellekt, der Empathie und dem Sozialverhalten hervorgegangen und hat sich von den rein biologischen Vorgaben weitgehend abgekoppelt. Aber diese Abkoppelung erfolgte sozusagen erst in letzter Sekunde der Evolution, nachdem sie dreieinhalb Milliarden Jahre dem strikten Hierarchieprinzip unterworfen war. Kein Wunder also, daß biologisches Erbe und soziokulturelles Erbe auch aus diesem Grunde in Konflikt geraten muß.

Die Geninformation eines DNS-Stranges, der quasi als Schablone fungiert, wird über den Mechanismus der komplementären Basenpaarung in die RNS-Botschaft der Boten-RNS überschrieben. Ein Vorgang, der auch als Transkription bezeichnet wird. Mit der Besonderheit, daß die hierfür zuständige RNS-Polymerase keinen Primer benötigt und bei der Paarung mit der Base Adenin nicht Thymin, sondern Uracil (U) in die Boten-RNS einbaut. Wie erwähnt, ergibt sich anstelle des Basenpaares A : T nun das Paar A : U. Vielleicht trägt gerade dieses U und das zusätzliche Sauerstoffatom am zweiten Kohlenstoffatom der Ribose dazu bei, daß die genetische Informationsschrift niemals mit den ausführenden Organen der Eiweißsynthese verwechselt werden kann.

Nun muß die Information, die in der Basenreihenfolge der Boten-RNS enthalten ist, nur noch entschlüsselt und in die entsprechende Aminosäuresequenz übersetzt werden. Auch hier war es wieder ein Quantenphysiker, der aus Rußland stammende George Gamow, der einen entscheidenden Hinweis gab. Gamow war 1925 zur Weltelite der

Quantenphysiker nach Göttingen gekommen, wo der »Kindskopf« unter den Physikern immer bereit gewesen war, seine Zuhörer mit Zaubertricks und lustigen Jugendstreichen zu unterhalten. Den Ausdruck »Kindskopf« fand ich bei Robert Jungk, in seiner »Geschichte der Atombombe« *Heller als Tausend Sonnen*, wo er das Schicksal der Atomforscher in Göttingen zwischen den beiden Weltkriegen beschreibt. Max Delbrück erwähnt, daß er den genialen Gamow zuerst im berühmten Café »Cron und Lanz« in Göttingen getroffen habe. Es hatte sich aber schon bald herumgesprochen, daß der »Kindskopf« ein gefährliches Versteckspiel mit dem russischen Geheimdienst spielte. Einen Fluchtversuch über die afghanische Grenze konnte er den Behörden mit Mühe als mißglückte Bergtour erklären. Er hatte mit einem kleinen Segelboot das Schwarze Meer überqueren wollen, war jedoch, bevor er das türkische Ufer erreichen konnte, in einen heftigen Sturm geraten, so daß er dankbar sein mußte, als ihn die russische Grenzpolizei rettete und an das russische Ufer zurückbrachte.

Als er dann endlich in die USA gelangt war, lieferte er Beiträge für die Theorie des »heißen Urknalls«, die inzwischen bewiesene Vorstellung, daß unser gesamtes Universum aus einem Energieblitz ungeheuren Ausmaßes entstanden ist. Den endgültigen Beweis sah er in einer Reststrahlung von 3 Grad Celsius über dem absoluten Nullpunkt, die seit der Entstehung des Universums das gesamte All bis auf den heutigen Tag durchwogt. Diese inzwischen gefundene sogenannte Drei-Grad-Kelvin-Hintergrundstrahlung sagte er in einer Arbeit voraus, die er zusammen mit seinem Mitarbeiter Ralph Alpher 1948 veröffentlichte. Da Gamow nicht nur ein brillanter Mathematiker und theoretischer Physiker, sondern auch ein ebenso genialer Witzbold war, nahm er, mit Rücksicht auf das griechische Alphabet, auch den Atomphysiker Hans Bethe als Mitautor auf. Die grundlegende Theorie bekam schon bald den Namen Alpher-Bethe-Gamow-Arbeit. Es war übrigens auch George Gamow, der den aus Ungarn geflüchteten Atomphysiker Edward Teller für die George-Washington-Universität empfahl. Die beiden kannten sich aus der gemeinsamen Göttinger Zeit.

Teller sollte politisch und wissenschaftlich die Hauptrolle bei der Entwicklung der amerikanischen Wasserstoffbombe spielen. Gamow hatte während des Zweiten Weltkriegs für die amerikanische »Navy« eine frühe Lösung des Atombombenproblems ausgearbeitet. Selbstverständlich auch mit thermonuklearen Reaktionen zur Energiegewinnung in Sternen vertraut, hatte er Teller erstmals auf die Möglichkeit einer Wasserstoffbombe aufmerksam gemacht. 1932, vor seiner endgültigen Flucht aus der Sowjetunion, hatte Gamow bei einer wissenschaftlichen Veranstaltung erstmals über die ungeheure Energiegewinnung der Sonne durch Kernfusion von Wasserstoffkernen berichtet. Nach dem Vortrag war Volkskommissar Bucharin zu ihm gekommen und hatte interessiert gefragt, ob solche Reaktionen nicht auch »auf der Erde« gemacht werden könnten. Natürlich konnten sie, aber Gamow zog es vor, dafür einen anderen Erdteil zu wählen. Ich selbst wurde auf diesen ungewöhnlichen Mann mit seiner Fähigkeit zu populärwissenschaftlicher Darstellung aufmerksam, als ich 1962 sein gut verständliches Buch *Eins Zwei Drei... Unendlichkeit. Grenzfragen der modernen Wissenschaft* las. Das vierte Kapitel heißt »Das Geheimnis des Lebens«; Max Delbrück finden wir dort, Watson und Crick suchen wir jedoch vergeblich. Verzeihlich, denn das englische Original *One, two, three... Infinity* war 1947 erschienen, die deutsche Erstausgabe 1958, immerhin fünf Jahre nach der Entschlüsselung des Geheimnisses des Lebens durch Watson und Crick. Dem Geheimnis des Lebens wurde damals eben noch kaum Aufmerksamkeit gewidmet, die Gesellschaft war mit anderen Sorgen und Problemen beschäftigt, und die meisten Biologen hierzulande waren noch mit dem Zählen von Staub- und Blütenblättern beschäftigt.

In seinem jüngsten, im Frühjahr 2001 erschienenen Buch *Genes, Girls and Gamow* beschreibt James Watson, wie George Gamow, kurz nach der Lösung des Rätsels der Entstehung des Universums, sich daran machte, den genetischen Code zu knacken. Im Jahre 1954, nur ein Jahr nach der Entdeckung der Doppelhelix, gründete er den RNS-Krawattenklub, dessen Aufgabe es sein sollte, das »Rätsel der RNS-

Struktur zu lösen und zu verstehen, wie Proteine aufgebaut werden«. Gamow entwarf eine Krawatte mit dem Symbol des Klubs: ein RNS-Molekül mit einem grünen Zucker-Phosphat-Rückgrat und gelben Basen. Er wollte 20 Mitglieder für seinen Klub gewinnen, je eines für eine der 20 Aminosäuren.

Gamow ging davon aus, daß die Natur in der Evolution sehr strikt verfahren ist und nichts Überflüssiges zugelassen hat. Wenn, so folgerte er, vier unterschiedliche Basenbuchstaben der Boten-RNS, G, C, A und U, die Reihenfolge von 20 unterschiedlichen Aminosäuren in einer linearen Abfolge kodieren müssen, dann sollte jedes Codewort mindestens 3 Buchstaben haben. Zwei Buchstaben sind zu wenig, da es nur 4^2, also 4×4, d.h. 16 Kombinationsmöglichkeiten gibt, um 20 Aminosäuren zu kodieren. Dagegen sind 3 Buchstaben ausreichend, da 4^3, also $4 \times 4 \times 4$, 64 Kombinationsmöglichkeiten ergibt, um die Aminosäuren zu kodieren. Genügend Möglichkeiten, um sogar mehrere Codes für eine Aminosäure und ein Paar zusätzliche Anfangs- und Endzeichen zu etablieren. In der Tat erwies sich in den weiteren Experimenten, daß immer die lineare Reihenfolge von 3 Basenbuchstaben der Boten-RNS den Platz einer Aminosäure in der linearen Aminosäuresequenz des Proteins bestimmt. Der Code von 3 Basenbuchstaben wird auch als Triplet-Code (»Triplet Codon«) bezeichnet.

Ich übergehe an dieser Stelle ganz bewußt die Tatsache, daß für die Eiweißsynthese noch eine dritte, Adaptor- oder Transfer-RNS genannte Nukleinsäure notwendig ist. Für unser Anliegen ist sie von marginaler Bedeutung.

Der genetische Triplet-Code ist »kommafrei«, er ist im gesamten Biokosmos nahezu identisch, und er ist degeneriert, weil, mit Ausnahme der Kodone für die Aminosäuren Methionin und Tryptophan, mehr als ein Kodon für jede Aminosäure existiert. Zusätzlich besitzt er ein Start- und ein Stop-Kodon. Die lineare Basensequenz eines Gens der DNS bestimmt also die lineare Basensequenz der Boten-RNS, die lineare Basensequenz der Boten-RNS ihrerseits bestimmt nach Maßgabe der Triplet-Kodone die lineare Reihenfolge der Aminosäuren der

Polypeptidkette. Diese Abfolge, DNS – RNS – Protein, wurde lange Zeit für unumkehrbar gehalten und als »zentrales Dogma« der Molekularbiologie bezeichnet.

Etwa um das Jahr 1964 war der genetische Code vollständig etabliert, die drei Basenbuchstaben (Codon) für die Codierung jeder der 20 Aminosäuren war gefunden. Einige Aminosäuren waren durch zwei, einige durch drei und einige sogar durch vier Triplet-Kodone festgelegt. Außerdem waren die Kodone für Start und Ende eines Polypeptids gefunden. Wie erwartet, unterscheiden sich die Triplet-Code-Wörter unterschiedlicher Arten innerhalb der Evolution nicht. In der genetischen Schriftsprache könnten wir immer noch mühelos mit den *E.-Coli*-Bakterien kommunizieren, obwohl unsere Evolutionswege schon Milliarden Jahre getrennt verlaufen. Trotzdem leben sie immer noch in unserem Dickdarm (Colon) und können uns gelegentlich auch mal umbringen, wenn sie in die Bauchhöhle gelangen und eine kotige Bauchfellentzündung verursachen.

DNS – RNS – Protein: Das zentrale Dogma der Molekularbiologie und AIDS: *Hermann J. Muller*

Die genetische Information für den Aufbau biologisch wichtiger Eiweißmoleküle ist in der DNS des Zellkerns gespeichert. Von dort wird die lineare Basenfolge der DNS in die lineare Basenfolge der Boten-RNS umgeschrieben, Transkription, und aus dem Zellkern an die Orte der Proteinsynthese transportiert. Mittels eines Ribosom genannten Synthese-Komplexes für Proteine und einer weiteren kleinen RNS, der Transfer-RNS, wird die Genbotschaft über den Triplet-Code in die lineare Aminosäuresequenz der Proteine übersetzt, Translation. Auch der Informationsfluß scheint damit hierarchisch geordnet im Sinne eines Transfers DNS – RNS – Protein. So lautet folglich das sogenannte »zentrale Dogma« der Molekularbiologie. Diese Idee geht eigentlich auf den amerikanischen Biologen Hermann Joseph Muller zurück. In seinem Buch *Die Gene als Grundlage des Lebens* (1929) trat er dem damals allgemein verbreiteten Paradigma entgegen, es sei das Protoplasma, das die eigentliche Grundlage des Lebens bilde, und eben nicht die Gene auf den Chromosomen. Das Protoplasma ist aber die proteinhaltige Zellflüssigkeit außerhalb des Zellkerns, die keine DNS enthält. Muller behauptete jedoch, nur die Gene seien in der Lage, eine spezifische Autokatalyse durchzuführen, wobei diese Fähigkeit der eigenen Reproduktion (Replikation) auch nach einer Mutation erhalten bliebe. Das Wachstum des Protoplasmas – heute würde man sagen: der Proteine – sei eine Folge der Aktivität der Gene, aber keine Mutation führe vom Protoplasma aus, sozusagen rückwärts, zur Veränderung oder gar zur Entstehung neuer Gene. Diese Überlegungen enthalten implizit schon das »zentrale Dogma« und sind eine definitive Absage an die politisch motivierten Vorstellungen der sowjetischen Biologen um den demagogischen Scharlatan und Neolamarckisten Trofim Lyssenko, einen Günstling Stalins, über die Vererbung »erworbener Eigenschaften«. Lyssenko ging davon aus, daß die Entstehung neuer Erbeigenschaften ausschließlich durch Umweltbedingungen gelenkt werde. Seiner »Nährstofftheorie« zufolge sind Stoffwechselvorgänge die primären Ursachen der organischen Evolution. »Der Mensch ist, was er ißt«!? Auch auf dem Gebiet der Naturwissenschaften gab es im stalinistischen Rußland Auswirkungen. Die Biologie und insbesondere die Vererbungslehre ist geradezu ein Musterbeispiel für die sowjetische Auffassung vom Klassenkampf. Denn keine Disziplin der Naturwissenschaften ist grundlegender für das Menschenbild als sie. Weil die klassische Mendel-Morgansche Vererbungslehre durch Züchtung nichtveränderbare Gene als Träger der Vererbung annahm, wurde sie als »metaphysisch« und »reaktionär« gebrandmarkt, und die von Lyssenko entwickelte »dialektische« sowjetische Vererbungslehre wurde als »fortschrittlich« der westlichen dekadenten entgegengestellt. Mit dieser Gegenüberstellung von Metaphysik als bürgerlicher und Dialektik als proletarischer Ideologie sah man eine Auswirkung des Klassenkampfes zwischen Bürgertum und Proletariat auf dem Gebiet der Naturwissenschaften. Auch der Anspruch der Wissenschaft auf Unparteilichkeit wird abgelehnt. Wenn bürgerliche Wissenschaftler behaupten, unparteilich zu sein, wird das als Heuchelei betrachtet. Vielleicht hatte man vergessen, daß einer der Hauptvertreter der Lehre von der »Vererbung erworbener Eigenschaften« ein französischer Adeliger gewesen war.

Wenn es eine Vererbung erworbener Eigenschaften gäbe, dann müßten veränderte Proteine zu Rückwirkungen auf die Gene im Zellkern führen. Ein körperlich schwer arbeitender Mensch, der durch seine Tätigkeit seine Muskelmasse beträchtlich vermehrt, könnte dann diese erworbene Eigenschaft an seine Nachkommen weitergeben. Diese Auffassung steht in krassem Gegensatz zum zentralen Dogma und ist auch experimentell häufig widerlegt worden. Hermann Joseph Muller, ein überzeugter Kommunist, war der führende Genetiker seiner Zeit. Nach einem dreijährigen Aufenthalt in der Sowjetunion floh er 1936 unter dramatischen Umständen, denn ihm drohte die Erschießung wegen seiner abweichenden biologischen Lehrmeinung. Er ging nach Spanien, um an der Seite der Republikaner, mit vielen intellektuell Gleichgesinnten, gegen die Faschisten General Francos zu kämpfen. Für seine Entdeckung, daß Röntgenstrahlen künstliche Mutationen bei *Drosophila* auslösen können, erhielt er 1946 den Nobelpreis für Physiologie/Medizin. Hierauf übernahm er den Lehrstuhl für Genetik und Biophysik an der Indiana-Universität in Bloomington/ USA.

Im Alter von 19 Jahren, gerade von der Universität Chicago graduiert, hatte sich James Watson an der Indiana-Universität eingeschrieben, um bei dem berühmten Muller zu studieren. Einer seiner Kommilitonen war der spätere Nobelpreisträger Renato Dulbecco, den Watson voller Bewunderung einen »highly intelligent friend« nennen wird. Dulbecco sprach im Herbst 1985 erstmals von der Möglichkeit einer Sequenzierung des gesamten menschlichen Erbguts. Die Rede, die kurz darauf im Wissenschaftsmagazin *Science* veröffentlicht wurde, hielt er am berühmten Cold Spring Harbor Labor nahe New York City, über lange Jahre das Mekka der Molekularbiologen. Direktor von Cold Spring Harbor war übrigens zu jener Zeit James Watson.

Als Anhänger des Reduktionismus sah der Student Watson aber schon 1947, daß »Drosophilas beste Zeiten vorbei« waren. Ein Landsmann von Dulbecco, der ebenfalls in Bloomington lehrte, war Salvador Luria, der Watson für die Bakteriophagen begeisterte, mit denen er kurz zuvor den Lamarckismus widerlegt hatte.

Ende der 60er Jahre kam aber das zentrale Dogma ins Wanken. Eine Anzahl von RNS-Viren – also Viren, deren genetisches Material aus RNS besteht, anstelle der sonst üblichen DNS – kodierte nämlich ein Enzym, das aus einem RNS-Strang DNS synthetisieren kann. Ein RNS-Strang dient diesem Enzym als Matrize, an der es über den

Mechanismus der Basenpaarung einen komplementären DNS-Strang synthetisiert.

Dem Dogma zufolge gab es eben kein Enzym, das an einem RNS-Strang einen komplementären DNS-Strang synthetisieren könne. Das neue Enzym, das alles auf den Kopf stellte und verkehrte, war also eine RNS-abhängige DNS-Synthetase. Auch weil es das »zentrale Dogma« quasi umkehrte, wurde es Reverse Transcriptase, »umgekehrte Transkriptase«, genannt.

Als ich um 1970 am Max-Planck-Institut für experimentelle Medizin in Göttingen auf der Suche nach dem menschlichen Leukämie-Virus war, von dem ich annahm, daß es ein RNS-Virus sein müsse, lernte ich einen Reverse-Transcriptase-Experten vom NIH kennen, Robert Gallo, der später das AIDS-Virus entdeckte, bei dem die Reverse Transcriptase eine zentrale Rolle spielt. Eine Probe des neuen Enzyms, das er mir aus den USA schicken wollte, ist leider nie in Göttingen angekommen.

Innerhalb der Nukleinsäuren ist der Informationsfluß also umkehrbar – insofern mußte das »zentrale Dogma« modifiziert werden. Der Informationsfluß von den Nukleinsäuren zu den Proteinen bleibt weiterhin unumkehrbar – und damit auch die schon von Muller in Zweifel gezogene Vererbung erworbener Eigenschaften.

Das neue Enzym Reverse Transcriptase und die Erkenntnis der Umkehrung des Informationsflusses innerhalb der Nukleinsäuren waren nicht nur deshalb revolutionär, weil sie das »zentrale Dogma« modifizierten – Dogmen sind in der Wissenschaft immer etwas Störendes –, sondern mehr noch, weil man nun zeigen konnte, auf welche Weise die genetische Information von RNS-Tumorviren in die DNS höherer Spezies integriert werden kann. Damit war die transformierende (tumorauslösende) Wirkung von RNS-Tumorviren erstmals erklärt. (Transformation hat in der Molekularbiologie unglücklicherweise eine doppelte Bedeutung: Einmal meint sie die Aufnahme von fremder DNS in Bakterienzellen, wie wir es in Averys Versuchen mit Pneumokokken kennengelernt haben, und zum anderen ist damit die Umwandlung, Transformation, einer normalen Säugetierzelle in eine Tumorzelle gemeint.) Die genetische Information der RNS-Viren dringt in eine empfängliche Säugetierzelle ein, schreibt mittels einer von ihr kodierten Reversen Transcriptase ihre eigene Erbinformation in die DNS-Informationssprache der Wirtszelle um, die jetzt in das Genom der Wirtszelle integriert werden kann, um das fatale Tumorgeschehen auszulösen. Viren waren unerläßlich bei der Lösung des Geheimnisses des Lebens, aber sie sind auch die Ursache vieler Krankheiten und Krebsarten.

Auch AIDS-Viren, die RNS als genetisches Informationsmaterial besitzen, bedienen sich eben dieser Reversen Transcriptase. Sie schreiben, nachdem sie in die menschlichen Immunabwehrzellen eingedrungen sind, mit ihrer Reversen Transcriptase ihre genetische RNS-Information in die DNS-Informationsschrift des Menschen um. Nach dieser Camouflage wird ihr Genom »unbemerkt« in das Genom der Immunzellen integriert, die sie dann nach ihrer eigenen Vermehrung zerstören. Die Identität der genetischen Schriftsprache innerhalb des Biokosmos kann so auch fatale Auswirkungen haben. Diese Ambivalenz im biologischen Universum wird auch noch an einem weiteren Vorgang deutlich, den ich hier beschreiben möchte:

Der Alterungsprozeß des Menschen und sein unausweichliches biologisches Ende scheinen auch mit einer Besonderheit der DNS-Polymerase und der sich daraus ergebenden uneinheitlichen Kopierrichtung der DNS-Stränge zusammenzuhängen. DNS-Polymerasen können den komplementären Strang immer nur vom 3´-OH-Ende zum 5´-Phosphat-Ende hin verlängern. Besonders am Ende eines jeden DNS-Stranges, an den Enden der linearen Chromosomen, Telomere, ergibt sich eine Schwierigkeit durch das Fehlen der 3´-OH-Gruppe am sogenannten »Lagging strand«. Für Bakterien ergibt sich dieses Problem nicht, da sie im Gegensatz zu höheren Lebewesen ein ringförmiges Chromosom besitzen. Damit sind sie, wie wir sehen werden, der »Unsterblichkeit« ein deutliches Stück näher als wir Menschen. Die im DNS-Strang der Chromosomen enthaltene Erbinformation müßte dadurch im »Lagging strand« nach jedem Teilungsprozeß etwas kürzer werden, mit anderen Worten: Es müßte genetische Information verlorengehen. Hochspezialisierte Eiweiße, sogenannte Telomerasen, sorgen immer wieder dafür, daß dieser Prozeß der Verkürzung nicht eintritt. Die jüngsten Erkenntnisse sprechen dafür, daß die Säugetier-Telomere in großen Doppelhelix-Schleifen enden bzw. in sich selbst zurücklaufen, womit sie die zeitliche Limitierung unseres Lebens ein erkleckliches Stück hinauszögern. Glücklicherweise ist dieser Prozeß limitiert, und die Zelle muß irgendwann doch absterben. Wäre das nicht so, würde sie zu einer unsterblichen Krebszelle mit fatalen Folgen. Ewiges Leben der Zellen und zeitliche Limitierung scheinen auf merkwürdige Weise voneinander abhängig. Von makabrer Ironie ist, daß das Schwesterenzym dieser lebensverlängernden Telomerasen ebenfalls eine Reverse Transcriptase ist, eben jenes oben beschriebene Schlüsselenzym der AIDS-Viren, das ich erstmals durch Bob Gallo näher kennengelernt, aber leider damals nicht erhalten habe. Eine merkwürdige Ambivalenz: Vertreter derselben Gruppe von hochspezialisierten Enzymen, die unser Leben verlängern, führen unter anderen Bedingungen unseren Tod herbei.

Zerstückelte Gene, Pseudogene und das DNS-Paradoxon

Nachdem der genetische Code, wie Gamow es vorausgesagt hatte, sich in der Tat als aus drei Basenbuchstaben zusammengesetzt erwies, konnte der sogenannte Triplet-Code innerhalb kurzer Zeit vollständig entziffert werden. Jetzt galt es nur noch die einzelnen Genwörter und ihre Reihenfolge auf der DNS herauszufinden. Das »Buch des Lebens« und die darin enthaltenen Geheimnisse sollten dann fortlaufend gelesen und verstanden werden können, wie ein Lehrbuch der Molekularbiologie. Die einzelnen Wörter in ihrer Reihenfolge, so vermuteten die Wissenschaftler, sollten die Erklärung für sämtliche Lebensvorgänge und wohl auch für die Besonderheit des Menschen liefern. Die weniger entwickelten Arten hätten entsprechend weniger DNS und deutlich weniger Gene als der Mensch. Jeder Satz im Buch des Lebens sollte verstehbar und beim Menschen auch besonders bedeutsam sein. Es stellte sich aber bald heraus, daß damit die Analogie zwischen menschlicher Schriftsprache und genetischer Informationsschrift überzogen war.

Die Besonderheit des Menschen sollte einfach auf die Anzahl und die besondere Struktur seiner Gene zurückzuführen sein. Da die exakte Genomanalyse wesentlich weniger Gene für den Menschen gefunden hat, als zunächst angenommen, wurde zu Beginn des neuen Jahrhunderts ein konzeptionell neues Umdenken erforderlich. Ein genetisch signifikanter Unterschied zwischen den höheren Affen und den Menschen ist überhaupt nicht ersichtlich, ihre Genome sind fast identisch. Die Vermutung liegt nahe, daß sogenannte epigenetische Prozesse, die sich jenseits der Stufe der Gene abspielen, eine Rolle spielen könnten. Diese neue Erkenntnis setzt aber die Erforschung der genauen Anzahl der Gene des Menschen und ihrer Feinstruktur voraus. Das Faszinierende an wissenschaftlicher Forschung ist auch, daß sie eigentlich regelhaft Ergebnisse hervorbringt, die in dieser Form gar nicht erwartet werden konnten. Wissenschaftliche Erkenntnisse prägen den jeweiligen Zeitgeist, und dieser wirkt immer auch auf die Interpretation sogenannter objektiver wissenschaftlicher Fakten ein. Nicht die Entdeckung Amerikas führte zu einem neuen Selbstverständnis des Menschen der Neuzeit, sondern ein anderes Selbstverständnis führte zur Entdeckung eines neuen Kontinents.

In den 70er Jahren des 20. Jahrhunderts war man der Ansicht, die gesellschaftlichen, in der biologischen Terminologie also die postgenetischen, Einflüsse seien der entscheidende Faktor für die menschliche Entwicklung. Die darauffolgenden Jahre einer explosiven Entwicklung der Molekularbiologie und Gentechnologie schrieben dann den Genen die überwiegende Bedeutung für die individuelle Entwicklung zu. Nach den neuesten Forschungsergebnissen bei der Entschlüsselung des menschlichen Genoms ist eher eine gleichgewichtige Bedeutung von genetischen, epigenetischen und postgenetischen Einflüssen zu erwarten.

Das Modell – je differenzierter und höher in der Evolution, desto mehr Gene und Genmaterial – wurde auch zunächst bei Viren und Bakterien bestätigt. Bei diesen sind die wichtigsten Gene für die Infektion anderer Zellen, für Vermehrung oder für wichtige Stoffwechselfunktionen hintereinandergeschaltet. Bei dem Bakterium *E. Coli* sind die Gene für zusammenhängende Stoffwechselfunktionen in sogenannten Clustern zusammengeschaltet und werden gemeinsam reguliert. Alle Gene für den Traubenzuckerstoffwechsel werden durch eine Leitstelle, Operon genannt, reguliert und abgeschaltet, wenn dem Bakterium nur noch Milchzucker im Nährmedium zur Verfügung steht.

Es zeigte sich jedoch schon bald, daß für die Genanordnung auf der DNS der Säugetierchromosomen dieses einfache Schema nicht zutraf.

Es gab durchaus auch Ansammlungen von Genen einer umschriebenen Funktionsgruppe, so etwa bei den Globin-Genen des roten Blutfarbstoffes. Der rote Blutfarbstoff, das Hämoglobin, ist für den Sauerstofftransport verantwortlich, ohne den vielzellige Organismen ihren Energiebedarf nicht decken könnten. Er setzt sich aus zwei unterschiedlichen Polypeptidketten zusammen: der α-Globin-Kette und der β-Globin-Kette. Jeweils zwei α-Typ-Ketten und zwei β-Typ-Ketten bilden, neben einer sogenannten prosthetischen Gruppe, ein Hämoglobin-Molekül. Es setzt sich am Anfang der Entwicklung des Säugetierembryos aus embryonalen α- und β-Ketten zusammen, um in der weiteren Entwicklung auf fetale und später auf erwachsene Globin-Ketten umzuschalten. Die embryonalen, die fetalen und die adulten Gene finden sich in einem Gen-Cluster. (Für die wissenschaftliche Erkenntnis der beiden vorangehenden Sätze habe ich in den 70er Jahren des letzten Jahrhunderts drei Jahre »Tag und Nacht« im Labor zugebracht.) Die Abstände zwischen den einzelnen Genen sind ausgefüllt mit langen Buchstabenketten, denen keine erkennbare Funktion zuzuordnen ist und die keine Genbotschaft haben. Außerdem liegen zwischen den funktionellen Genen Gensequenzen, die zwar eine Verwandtschaft mit den funktionellen Genen aufweisen, die aber keine Funktion mehr haben und nicht in Eiweiße übersetzt werden: sogenannte Pseudogene. Das sind Relikte, die sich im Laufe der Säugetierevolution gebildet haben und nun mehr oder weniger »mitgeschleppt« werden.

Noch merkwürdiger ist, daß sich innerhalb der kodierenden Basensequenzen der funktionellen Globin-Gene Abschnitte finden, die keinem Triplet-Kodon-Muster zuzuordnen sind: nichtkodierende, sogenannte intervenierende Sequenzen, Introns. Dieser Befund hat zu dem Terminus »zerstückelte Gene« geführt. Da die funktionellen Globin-Gene aller Säugetiere die gleiche zerstückelte Struktur haben, muß ihr in der Evolution eine besondere Bedeutung zukommen. Daneben gibt es eine Reihe von Genen, die nicht zerstückelt sind, in denen die Genomsequenz also kolinear mit der Aminosäuresequenz des übersetzten

Proteins ist. In Bakterien und Viren finden sich zerstückelte Gene hingegen nur extrem selten. In der Evolution sind die kodierenden Sequenzen stark konserviert worden, während die nichtkodierenden stark variieren. Schließlich liegen die Gen-Cluster für die α-Globin-Ketten und die für die β-Globin-Ketten auf ganz unterschiedlichen Chromosomen. Es ist bisher nicht bekannt, wie es zu der Feinabstimmung der Synthese beider Globin-Ketten kommt, da ja für eine ausgewogene Hämoglobinsynthese immer gleich viele α- und β-Ketten synthetisiert werden müssen, die Globin-Gene für beide Ketten aber auf unterschiedlichen Chromosomen liegen.

Paradox ist außerdem die Tatsache, daß die Menge an DNS, die sich in jeder Zelle findet, überhaupt nicht korreliert mit der Evolutionsstufe und der Differenziertheit der jeweiligen Spezies, eine Tatsache, die zu dem Terminus »DNS-Paradoxon« geführt hat. Die Länge des gesamten Genoms variiert von einigen hunderttausend Basen bei den Bakterien bis zu einigen hundertmilliarden bei einigen Blütenpflanzen (Lilie) und Amphibien. Es wäre gerade noch zu ertragen, daß der Schimpanse *Pan trolodytes* in jeder seiner Körperzellen zwei Chromosomen mehr besitzt als der *Homo sapiens*. Aber ist es nicht geradezu empörend, daß der Truthahn *Meleagris gallopavo* fast doppelt so viele Chromosomen hat wie wir? Mendel hatte Glück, die Gartenerbse *Pisum sativum* für seine genetischen Experimente verwendet zu haben, sie hat nur 14 Chromosomen, während die Kartoffel *Solanum tuberosum* derer 48 besitzt.

Es findet sich zwar insgesamt eine stetige Zunahme der Genomgröße mit zunehmender Komplexität der Organismen, aber die Extreme erscheinen zunächst unverständlich. Es war sicher notwendig, die Genome bei der Evolution von Würmern, Insekten, Vögeln, Amphibien und Säugetieren zu vergrößern. Aber wenn wir den Baum der Evolution erklettern, wird die Beziehung zwischen der Komplexität der Organismen und dem Gehalt an DNS immer obskurer. Das DNS-Paradoxon bezieht sich auf diese Diskrepanz. Es beinhaltet beides, die absoluten und relativen Mengen an DNS im Säugetiergenom: Warum besteht ein so großer Überschuß an DNS im Vergleich mit der Menge an DNS, die nötig wäre, um sämtliche Eiweiße zu kodieren? Warum sind Gene so viel größer als die Basensequenzen, die notwendig sind, um die Aminosäuresequenzen der Eiweiße zu kodieren? Warum haben die Kröte Xenopus, mit deren Eiern wir die ersten Klonierungsexperimente durchführten, und der Mensch dieselbe Größe des Genoms, wo wir doch sicher sein können, daß wir im Laufe der Evolution eine etwas größere Komplexität erworben haben als die Kröte? Bei den Amphibien zählen die kleinsten Genome einige hunderttausend Basen, während die größten einige hundertmilliarden Basenbuchstaben haben. Das bedeutet, daß es ungeheure Mengen an nicht kodierender (nicht notwendiger?) DNS in größeren Genomen gibt. Es ist noch schwer zu verstehen, warum die natürliche Selektion es überhaupt zuließ, daß sich so viel »unnütze« DNS ansammelte, die durch die gesamte Evolution mitgeschleppt werden muß.

Wenn George Gamow recht hat, dann ist die Natur zwar sehr restriktiv bei der Abfassung des genetischen Buchstabencodes verfahren, aber überaus großzügig mit der Anzahl Buchstaben im jeweiligen Lebensbuch. Sie erlaubte dem Menschen nur den Code, den auch Bakterien und Würmer haben. Aber warum erlaubte sie der gemeinen Lilie ein tausendmal dickeres Lebensbuch als dem Menschen? Bei aller Großzügigkeit und Vielfalt der äußeren Erscheinungsformen verfuhr die Evolution bei bestimmten Funktionen von Enzymen wiederum äußerst restriktiv, indem sie ihnen offenbar über Jahrmilliarden nur eine einzige Funktion erlaubte. Einige Enzyme, die lange DNS-Fäden prinzipiell an jeder Stelle in kleinere Bruchstücke zerschneiden könnten, tun das aber nur an ganz bestimmten, genau festgelegten Stellen. Alle DNS-Polymerasen können sich, wie erwähnt, nur in eine einzige ausgezeichnete Richtung bewegen, nämlich vom 5´-Ende zum 3´-Ende. Wir kennen die Bedeutung dieser strikten Festlegung für die Evolution noch nicht, aber wir wissen, daß ohne diese Festlegung die Sequenzierung des Genoms noch nicht oder vielleicht überhaupt nicht möglich gewesen wäre.

Die Wiederentdeckung von Mendels Gesetzen war die Geburtsstunde der Genetik. In den ersten 30 Jahren nach ihrer Entstehung wuchs das neue Wissenschaftsgebiet mit erstaunlicher Geschwindigkeit. Die Vorstellung, daß Gene sich in Chromosomen befinden, äußerte W. Sutton 1903; 1910 wurde sie von Thomas Morgan mit den Methoden der Genkartierung bei *Drosophila* experimentell untermauert. Die Experimente von Avery, McLeod und McCarthy 1944 sowie Hershey und Chase 1952 zeigten, daß im Gegensatz zum Protein-Paradigma die DNS das genetische Material ist. In den 14 Jahren von 1952 bis 1966 wurde die Struktur der DNS aufgeklärt, der genetische Code entschlüsselt und die Vorgänge von Transkription und Translation erforscht.

Auf diese ereignisreichen Jahre voller Entdeckungen folgte eine Flaute, manche Molekularbiologen glaubten, es gebe nur noch wenig Neues zu entdecken. In den 70er Jahren des letzten Jahrhunderts kam die genetische Forschung wieder in Schwung, durch eine Entwicklung, die bis heute anhält und die man mit Fug und Recht als Revolution der modernen Biologie bezeichnen kann. Es ergaben sich völlig neue Methoden und Experimente. Kernstück dieser neuen Methoden, die man als DNS-Rekombinationstechnik oder Gentechnik bezeichnet, ist das Verfahren der DNS-Klonierung.

Die Hoffnung der Wissenschaftler war jetzt, mittels der neuen revolutionären Methoden das genaue Muster der kompletten Buchstabenreihenfolge des humanen Genoms zu ermitteln, um möglicherweise damit der besonderen Rolle des Menschen in der Evolution näherzukommen.

Restriktionsenzyme und Ligasen: DNS-Scheren und Nadeln mit besonderen Fähigkeiten

Nachdem der »Stein von Rosette« als Basen-Triplet-Code gefunden und entziffert worden war, hatte man zwischen 1970 und 1980 einige kurze »Gensätze« entschlüsselt, beispielsweise die Genabschnitte des roten Blutfarbstoffs, Hämoglobin, und der Antikörper, Immunglobulin. Aber man konnte sich lange Zeit keine Vorstellung davon machen, wie die gewaltige Ansammlung von Hieroglyphen des gesamten menschlichen Lebensbuches insgesamt zu entziffern sei. Eine Schwierigkeit ergab sich aus der Tatsache, daß der allergrößte Teil der Hieroglyphen aus sinnlos erscheinenden Wortkartuschen, endlosen Buchstabenwiederholungen und dem sogenannten »DNS-Paradoxon« bestand.

So kam man zu der Überzeugung, daß die tieferen biologischen Geheimnisse in der genauen und vollständigen Basensequenz des Genoms verschlossen sein müßten. Aber kürzere Sequenzen des Genoms identifizieren, amplifizieren, sequenzieren oder gar verändern zu können, war ein ferner Traum der Molekularbiologen. Denn das komplette Genom des Menschen besteht, wie man leicht berechnen konnte, aus einer linearen Folge von etwa 3 Milliarden Basen. Im Zusammenhang mit der industriellen Anwendung und Verbreitung der Atomindustrie waren nach dem Zweiten Weltkrieg die radioaktiv markierten biologischen Moleküle für die Weiterentwicklung der Molekularbiologie von entscheidender Bedeutung. Für die Genomforschung der 90er Jahre wurden die computergestützte Speicherung, die Sichtung und Verwaltung der gewaltigen Datenmengen immer wichtiger. Daß wissenschaftliche Erkenntnis industriell vermarktet und segensreich zum Wohl der menschlichen Gemeinschaft angewendet werden kann und gleichzeitig eine oft existentielle Bedrohung darstellt sowie sittliche und ethische Fragen aufwirft, ist kennzeichnend für das Ineinandergreifen von Forschung und Technik. Wir haben das bei der Atomtechnik lernen müssen und erfahren es jetzt bei der Gentechnik.

Nach der Ausarbeitung der grundlegenden Methoden zur Gensequenzierung wurden die einzelnen Sequenzierungsschritte durch die Automatisierung von biochemischen Verfahren immer schneller und an immer mehr biologisch relevanten Objekten angewendet. So wurde der Abschluß der Sequenzierung des menschlichen Genoms zunächst für das Jahr 2010 in Aussicht gestellt, dann 2005, dann 2001. Doch schon im Juni 2000 war das gesamte Genom sequenziert – ein Hinweis auf die ungemeine Akzeleration auch im biologisch-technischen Bereich. Die einst beschauliche molekularbiologische Einzel- oder allenfalls Gruppenarbeit, die ich selbst, zu Beginn der 70er Jahre des letzten Jahrhunderts, in einer molekularbiologischen Abteilung am Max-Planck-Institut für experimentelle Medizin in Göttingen noch erlebte, wurde ersetzt durch eine weltweite Vernetzung von Tausenden von Wissenschaftlern, die ein völlig neues Forschungsfeld nach sich zog: die Bioinformatik.

Aber zurück zur Sequenzierung des menschlichen Genoms. Zunächst erschien es am Anfang dieser Entwicklung naheliegend, an einem vergleichsweise »winzigen« Genom eine Sequenzierungsmethode zu entwickeln und zu perfektionieren, bevor man sich an die vollständige Sequenzierung des menschlichen Erbguts wagen konnte. Dieses Mini-Genom einer lebendigen Einheit war, wie sich der Leser jetzt leicht vorstellen kann, die vollständige Erbinformation eines DNS-Virus.

Zu Beginn der 70er Jahre führte eine Lawine von technischen Möglichkeiten und biologischen Entdeckungen innerhalb weniger Jahre zu unerwarteten Fortschritten in der molekularen Zellbiologie und rückte den Traum der Molekularbiologen, das gesamte menschliche Genom zu entschlüsseln, in greifbare Nähe. Der leichte Zugriff auf eine Fülle von radioaktiv markierten biologischen Molekülen – man könnte geradezu von Radiomolekularbiologie sprechen – und die Entdeckung neuer Enzyme ermöglichte mit einem Mal die präzise Analyse und die Manipulation von Erbmolekülen. Zu den neuen »Werkzeugen« gehörten zwei Sorten von Enzymen, die den Anstoß zu einer Entwicklung gaben, die heute allgemein als DNS-Klonierung und Genmanipulation bezeichnet wird, und die sich für die Genomentschlüsselung als unerläßlich erwiesen. Eine Sorte wird als Restriktionsenzyme bezeichnet. Es sind aus Bakterien isolierte Enzyme, die spezifische 4 bis 8 Basen lange DNS-Sequenzen erkennen, die als Restriktions- oder Schnittstellen bezeichnet werden. An diesen Stellen wird die Doppelstrang-DNS zerschnitten, dabei entstehen sogenannte »klebrige« Enden. Das zuerst in *E.-Coli*-Bakterien gefundene Enzym wurde daher »Escherichia-Coli-Restriktionsenzym römisch I« oder kürzer »Eco R eins« genannt (abgekürzt: EcoRI). Ein anderes aus dem Bakterium *Haemophilus influenza*, Stamm R_d, wird Hind III abgekürzt, gesprochen »Hin-D-drei«. Es existiert mittlerweile neben dem Elementarteilchenzoo der Physik auch ein Restriktionsenzymzoo der Biologie. Inzwischen hat man mehr als 200 Restriktionsenzyme charakterisiert. Der Mechanismus der Restriktion ist nicht sehr kompliziert. Dennoch brauchte es mehr als 20 Jahre, ihn zu verstehen.

Die zweite Sorte sind sogenannte DNS-Ligasen, sie verknüpfen chemisch das 3´-Ende einer Nukleinsäure mit dem 5´-Ende einer anderen zu einem kontinuierlichen DNS-Strang. Diese beiden Enzyme sind die »Genscheren« und »Gennadeln« der Molekularbiologen.

Vor der Entdeckung und weltweiten Anwendung dieser Enzyme war die Molekularbiologie in eine Sackgasse geraten, aus der zunächst nur die Hoffnung auf einen entscheidenden molekularbiologischen Durchbruch bei der Krebsbekämpfung herausführte. Bei wissenschaftlichen Kongressen dieser Zeit herrschte die Überzeugung, schon in Kürze sei das Problem Krebs gelöst und die Menschheit ein für allemal von dieser schrecklichen Geißel befreit. Der entscheidende Durchbruch in der Krebstherapie ist jedoch bis heute nicht gelungen und stellt sich als wesentlich komplizierter heraus, als zunächst gedacht. Ich vermute, daß eine ähnliche Entwicklung auch auf die gepriesene Gentherapie zukommen wird; wir erkennen die Grundlagen, aber es fehlt die entscheidende Einsicht für den Durchbruch.

Doch zurück zu den neuen Enzymen, die bis dahin ungeahnte Möglichkeiten nach sich zogen. Die Erkennungssequenzen für die am häufigsten verwendeten Restriktionsenzyme besitzen eine Symmetrieachse, die genau in der Mitte dieser Sequenz liegt. Die Basenreihenfolge vom 5´-Ende zum 3´-Ende der DNS gelesen ist dieselbe wie die vom 5´- zum 3´-Ende Gelesene des gegenläufigen Komplementärstranges. Die Sequenz hat also eine zweifache Drehsymmetrie. Aufgrund dieser besonderen Eigenschaft kann man die vollständige Erkennungssequenz auch dann ableiten, wenn man nur die ersten 3 Basen kennt. Wenn z. B. nur die ersten 3 Basen bekannt sind, mit der Reihenfolge 5´-G-A-A- 3´, dann ist die symmetrische Sequenz des komplementären Stranges wegen der zweifachen Rotationssymmetrie leicht abzuleiten:

Ein Strang habe die Sequenz: 5´-G-A-A- ? ? ? 3´, dann hat der komplementäre die Sequenz: 3´ ? ? ? -A-A-G- 5´.

Da wir wissen, daß sich immer G und C sowie A und T gegenüberstehen, kann man nun den Rest nach den Regeln dieser komplementären Basenpaarung auffüllen, und man erhält die vollständige Erkennungsequenz des Restriktionsenzyms

5´-G-A-A-T-T-C- 3´
3´-C-T-T-A-A-G- 5´.

Geheimnisvolle Symmetrien und Symmetriebrüche werden offenbar, ohne die rekombinante Genomtechnik gar nicht möglich wäre.

Die Restriktionsstelle von EcoRI ist eine umgekehrte Wiederholung (»inverted repeat«) der Basenfolge 5´ G A A T T C 3´, die auch als Palindrom bezeichnet wird. Die Sequenz des komplementären Stranges, in der Gegenrichtung umgekehrt von 5´ nach 3´ gelesen, ergibt ebenfalls die Sequenz G A A T T C. Wenn im Genom irgendeines

Organismus diese umgekehrte Wiederholung der Basensequenz G A A T T C auftaucht, wird der DNS-Strang immer an der Stelle nach dem 5′G durchtrennt. Das Enzym ist zwar auf die exakte Basenfolge, aber keineswegs auf eine bestimmte Spezies festgelegt. Das führt zu einer reproduzierbaren Menge von DNS-Bruchstücken, die alle mit der gleichen Basensequenz enden.

Durch die umgekehrten Wiederholungen entstehen sogenannte »klebrige Enden«, »sticky ends«, die mit jedem anderen Bruchstück, das ebensolche »klebrigen Enden« aufweist, eine komplementäre Basenpaarung eingehen können. Die Bruchstellen können dann mit einer DNS-Ligase wieder verknüpft werden. Im Anhang (S. 160f.) ist der detaillierte Mechanismus unter »Restriktionsenzymspaltung« ausführlich dargestellt.

Der Begriff »Restriktionsenzym« bezieht sich auf die Funktion dieser Enzyme in den Bakterienzellen, aus denen sie isoliert werden: Ein Restriktionsenzym schränkt eingedrungene, fremde DNS ein, indem es sie an den Restriktionsstellen zerschneidet und damit die Information zerstückelt. Da die Enzyme nicht zwischen eigener und fremder DNS unterscheiden können – sonst könnte man mit ihnen ja keine menschliche DNS zerschneiden –, schützt sich die Bakterienzelle vor der Zerschneidung der eigenen DNS, indem sie die Restriktionsstellen der eigenen DNS durch ein Modifikationsenzym verändert, sozusagen unkenntlich macht. Da Restriktionsenzyme aus unterschiedlichen Bakterien jeweils unterschiedliche Restriktionsstellen haben, kann man das Restriktionsfragment eines Enzyms mit einem weiteren Enzym aus einem anderen Bakterienstamm in weitere DNS-Bruchstücke zerlegen. Aus den Überlappungen dieser unterschiedlichen Bruchstücke setzen die Molekularbiologen dann die gesamte Sequenz zusammen. (Vgl. »Überlappende Sequenzen«, S. 161f.)

Die gesamte Geninformation wird nach dieser Methode in ihrer vollen Länge »zusammengepuzzelt«. Leider haben wir inzwischen erkennen müssen, daß nur etwa 5 Prozent des gesamten humanen Genoms eine verständliche Satzbotschaft enthalten. Die übrigen

Abschnitte sind »wild« durcheinandergewürfelte Buchstabenfolgen, deren Bedeutung für die Vererbung noch völlig unklar ist.

Weil die Natur auf der Ebene der Gene und des genetischen Codes nicht zwischen den Arten – wie weit auch immer sie voneinander entfernt sein mögen – unterscheidet, können Restriktionsenzyme und DNS-Ligasen »klebrige Enden« von EcoRI-DNS-Restriktionsfragmenten des Menschen mit den entsprechenden EcoRI-Restriktionsfragmenten von Bakterien oder Mäusen rekombinieren. Hierdurch erzeugt man ein »künstliches bakterielles Chromosom«. Dieses rekombinante DNS-Molekül kann dann wieder in geeignete Bakterienzellen eingeschleust und wie ein normales bakterielles Chromosom vermehrt werden. Nachkommen einer solchen Zelle, die dasselbe rekombinierte DNS-Molekül enthalten, werden als »Klon« bezeichnet. In einem bakteriellen Zellklon können unbegrenzte Mengen eines menschlichen DNS-Bruchstücks in Zellkulturen vermehrt werden.

Bakterienzellen können durch ein paar gentechnische Manipulationen »natürlich« auch dazu gebracht werden, das Genprodukt, Protein, eines menschliches Gens, das in ein bakterielles Chromosom eingeschleust wurde, herzustellen. Wenn es sich bei dem eingeschleusten Gen um das menschliche Insulin-Gen handelt, produziert die Bakterienzelle jetzt die Polypeptidketten des menschlichen Insulins. Tatsächlich wird auf diese einfache Weise Insulin, das in immer größeren Mengen benötigt wird, weltweit in den Genlabors hergestellt.

Die strikte Festlegung auf die Erkennungssequenzen macht die Restriktionsenzyme auch zu einem idealen Werkzeug bei der Identifizierung und Aufklärung von Verbrechen. Aus der Kriminalgeschichte sind wir vertraut mit der Tatsache, daß alle Menschen unterschiedliche Fingerabdrücke haben. Ähnlich unterscheiden sich auch alle Menschen, mit Ausnahme von eineiigen, genetisch identischen Zwillingen, an ganz bestimmten Stellen des Genoms in der genauen Reihenfolge ihrer Genbuchstaben, Basen. Das erscheint zunächst merkwürdig, weil sich die einzelnen Menschen in ihren Genomen nur in durchschnittlich einem von 1000 Basenpaaren unterscheiden. Mit anderen Worten: Jeder tausendste Genbuchstabe in der langen Reihenfolge der 3,2 Milliarden Buchstaben ist unterschiedlich. Die Genomforschung hat aber zeigen können, daß es Bereiche im gesamten Genom gibt, die eine Anhäufung von unterschiedlichen Genbuchstaben aufweisen. Diese Bereiche bestehen in der Regel aus kurzen, identischen DNS-Sequenzen, die tandemartig hintereinander angeordnet sind. Das bezeichnet man als Einzelbasenpolymorphismus, ein Phänomen, das sich die DNS-Fingerprint-Analyse zunutze macht. (Vgl. »Genetischer Fingerprint«, S. 163)

Es ist bemerkenswert, daß nach den spektakulären Prozessen zur Täteridentifizierung mittels des genetischen Fingerprints vor ungefähr einem Jahrzehnt die öffentliche Zustimmung zur Gentechnologie sprunghaft zunahm.

Es wird jetzt verständlich, daß genetische Manipulationen nur möglich sind, weil die Natur sich im gesamten Biokosmos der gleichen genetischen Schriftsprache und der gleichen Enzyme bedient. Wir sind dem Geheimnis der belebten Natur und ihren Gesetzen auf die Schliche gekommen und können uns ihrer Methoden und ihrer Enzyme bedienen – zu unserem Nutzen oder auch zu unserem Nachteil. Auch dem Geheimnis der unbelebten Natur sind wir seit Galilei und Newton und zuletzt durch die Quantenphysik auf die Schliche gekommen, auch dort bedienen wir uns ihrer Methoden – zu unserem Nutzen oder zu unserem Nachteil. Nur weil auch die Natur eben das offenbar immer schon getan hat, können Genschnipsel durch den gewaltigen Raum des Biokosmos hin und her gelangen. Andernfalls hätten die Bakterien ihre Restriktionsenzyme gar nicht erst entwickelt. Möglicherweise sind die modernen Genmanipulationen des Menschen gezielter und gehen sehr viel schneller vor sich, als es die Natur während der Evolution im Laufe von Millionen Jahren getan hat. In diesem unterschiedlichen Zeitfaktor, der Evolution keinen Spielraum mehr läßt, liegt der ganze Unterschied und vermutlich auch, wie beispielsweise bei der Bevölkerungsentwicklung, die ganze Gefahr. Der moderne Mensch der technischen Zivilisation tut so, als blieben ihm nur mehr 100 Jahre

Zeit für alles. Und vermutlich liegt er da gar nicht so falsch. Wenn man die Akzeleration der Gentechnik in den letzten Jahren kritisch beobachtet, scheint alles wie im Zeitraffer zu geschehen.

Eine rekombinante DNS wurde erstmals im Jahre 1973 tatsächlich gentechnisch hergestellt. Die eigentliche Ära von Rekombinationsexperimenten und Genmanipulation begann damit 20 Jahre nach der Entdeckung der Doppelhelix. Im Jahr 1973 entwickelten die amerikanischen Molekularbiologen Herbert Boyer und Stanley Cohen mit Hilfe von Restriktionsenzymen und Ligasen eine Methode, DNS-Moleküle im Reagenzglas zu »rekombinieren«, um ein »Hybrid-Molekül«, eine sogenannte »rekombinante DNS«, herzustellen. Ein Maus-Gen, das sie als Restriktionsfragment isoliert hatten, integrierten sie in ein kleines Extrachromosom, Plasmid, eines Bakteriums. Die DNS des bakteriellen Extrachromosoms und die DNS eines Maus-Chromosoms hatten sie mit demselben Restriktionsenzym zerschnitten, das Maus-DNS-Bruchstück in ein Bakterien-Chromosom eingebracht und mit einer DNS-Ligase wieder verbunden. Bakterien, in deren Genom ein fremdes Gen »rekombiniert« worden ist, können beliebig vermehrt, kloniert, werden, und damit auch das fremde Gen.

Dieser Vorgang, der in der wissenschaftlichen Welt der Molekularbiologen großes Aufsehen erregte und zu heftigen kontroversen Debatten führte, wurde damals von den Medien und der Öffentlichkeit noch gar nicht in seiner ganzen Tragweite wahrgenommen. In den 70er Jahren waren ganz andere Probleme dominierend, das Zeitalter der Lebenswissenschaften war noch nicht angebrochen. Große Teile der jungen Generation forderten, in der sogenannten 68er-Revolte, lange überfällige gesellschaftliche Umbrüche und Neuorientierung. Man solidarisierte sich gegen eine rechtskonservative Medienkonzentration und für eine Befreiung der sogenannten Dritten Welt. Überfällige Hochschulreformen wurden durchgesetzt. Biologische und ökologische Probleme wurden noch nicht wahrgenommen.

Doch zurück zu den Lebenswissenschaften. Ein derart rekombinantes Gen wird auch als »Chimäre« bezeichnet, ein mythisches Wesen, das aus Löwe, Ziege und Schlange zusammengesetzt ist. Also aus Säugetieren und Reptilien, die in der Evolution weit voneinander entfernt sind. Mit der Herstellung von chimären DNS-Molekülen werden der Gentechnik neue, ungeahnte Möglichkeiten eröffnet. Es sollte aber auch daran erinnert werde, daß Vergil in der Äneis die Chimäre vor den Eingang zur Hölle setzt! Seine historische »Chimäre«, die Vereinigung von Trojanern und Latinern, von Kultur und Kraft, schafft die Voraussetzung für die Entstehung des Römervolkes. Sie durchbricht allerdings nicht die Speziesschranken.

Eine Alternative zur Klonierung in Bakterien ist die sogenannte Polymerase-»Kettenreaktion«, mit der man spezifische DNS-Sequenzen, die in ungewöhnlich geringer Anzahl vorliegen, mit Hilfe eines besonderen bakteriellen Enzyms in kürzester Zeit vervielfältigen kann. Die Anwendungsmöglichkeiten dieser Methode reichen von der Grundlagenforschung über Krankheitsfrüherkennung bis zur sicheren Aufklärung von Verbrechen durch den genetischen Fingerprint, weil minimale Mengen von DNS, etwa Spuren von Blut am Opfer, vervielfältigt werden können.

Die Polymerase-Kettenreaktion läuft folgendermaßen ab: Die gesamte Doppelstrang-DNS eines Organismus wird mit einem Restriktionsenzym in größere Fragmente zerlegt. Durch anschließendes Erhitzen bis 95 Grad Celsius werden sämtliche Wasserstoffbrücken zwischen den komplementären Basen gesprengt, wodurch der DNS-Doppelstrang in seine Einzelstränge zerfällt. Zwei synthetische, nur wenige Basen lange komplementäre Oligonukleotide, sogenannte Primer, der 3´-Genregion, die man vervielfältigen will, werden in großer Menge hinzugefügt und die Temperatur auf 50−60 Grad Celsius gesenkt. Für die DNS-Einzelstrang-Restriktionsbruchstücke reicht bei dieser Temperatur die Zeit nicht aus, um mit ihren jeweils komplementären Sequenzen zu hybridisieren. Der große Überschuß an den spezifischen Oligonukleotiden wird aber sofort den entsprechenden Genabschnitt am 3´-Ende finden und mit ihm hybridisieren. Eine Polymerase, die bei den notwendigen hohen Temperaturen (95 Grad Celsius) hitzestabil ist und funktionsfähig bleibt, könnte exklusiv an den synthetischen Primer-Oligonukleotiden den komplementären Strang synthetisieren und ihn damit in einer Art »Kettenreaktion« vervielfältigen. Nach erneutem Erhitzen würden auch die neu synthetisierten komplementären Stränge wieder in Einzelstränge zerlegt werden, und der Überschuß an Oligonukleotid würde wieder neue Doppelstrang-Primer-Stellen am 3′-Ende bereitstellen für eine neue Runde. In einer Art Kettenreaktion – daher PCR: »Polymerase Chain Reaction« – würden so innerhalb kurzer Zeit viele Kopien des gesuchten DNS-Bruchstückes entstehen oder, wie wir jetzt besser sagen, geklont.

Diese geniale Idee hatte ein junger amerikanischer Forscher, und er wußte auch, wo er nach dieser »merkwürdigen« hitzestabilen Polymerase suchen mußte: natürlich wieder in Bakterien, diesmal aber verständlicherweise in solchen, die sich in den kochendheißen Geysirquellen der nordamerikanischen Nationalparks vermehren. Das Bakterium hat den bezeichnenden Namen *Thermus aquaticus*; die daraus isolierte Polymerase wurde danach »Taq«-Polymerase genannt. Kari Mullis, so hieß der junge Mann, veröffentlichte seine Ergebnisse über die Polymerase-Kettenreaktion im Jahre 1986. Mullis war eigentlich Physiker und hatte vorher einige bedeutende Arbeiten über Astrophysik geschrieben, die u. a. in *Nature* erschienen waren. Als ich im selben Jahr das erste Mal im *Cold Spring Harbor Symposium der quantitativen Biologie*, Band 51, diese Arbeit fand, schrieb ich einen kurzen Aufsatz über die ungeahnten Möglichkeiten, die diese neue Methode nach sich ziehen würde. Der Aufsatz, den ich an verschiedene Zeitschriften schickte, wurde nie gedruckt. Schon ein Jahr später wurde »Taq« zum Enzym des Jahres erklärt. Mullis erhielt 1993 für seine Entdeckung den Nobelpreis; die Patentrechte, mit denen eine amerikanische Biotechnologie-Firma Milliarden verdiente, verkaufte er zum Schleuderpreis, und da er sich auch sonst mit einem losen Mundwerk recht unkonventionell verhielt und sich dazu noch kritisch über viele Kollegen seiner wissenschaftlichen Gemeinschaft äußerte, wurde er »zur Strafe« in allen späteren Büchern über Molekularbiologie oder Gentechnologie übergangen. Im Sommer 2000, in einem Interview zur Sequenzierung des gesamten humanen Genoms, zu der seine wissenschaftliche Arbeit maßgeblich beigetragen hatte, bemerkte er, daß er lieber in Kalifornien am Strand surfe und Motorrad fahre, als im Labor zu schuften.

Die Fähigkeit, »rekombinierte« Gene in Viren, Bakterien oder Mäuse einzuschleusen, eröffnete erstmals die Möglichkeit einer menschlich manipulierten »Schöpfung« neuer Lebensformen, die in den Lauf der Evolution eingreifen können. Darüber hinaus war die Synthese von rekombinanter DNS relativ einfach und billig und sollte im Verlauf der folgenden Jahre weltweit übernommen und ausgebeutet werden. Jetzt konnten sogenannte Genombibliotheken erstellt werden, die aus einer Sammlung von Klonen bestehen, die mindestens eine Kopie von jeder DNS-Sequenz aus dem Gesamtgenom eines Organismus enthalten. Wie unsere herkömmlichen Bibliotheken sind Genombibliotheken Datenbanken mit einer großangelegten Sammlung von Informationen über das jeweilige Individuum. Es sind Informationen über die im wörtlichen Sinne »lebenswichtigsten« individuellen Daten, die sich denken lassen. Unsere technisch-wissenschaftliche Zivilisation hat ihren gegenwärtigen Fortschritt immer aus der Konfrontation mit ganz neuen Erkenntnissen gewonnen. Das Problem ist hier, wie auch sonst in der wissenschaftlichen Forschung, nicht die Machbarkeit, sondern die Kontrollierbarkeit, es geht nicht allein um Genetik, sondern in erster Linie um Ethik. Erinnern wir uns an Salvador Luria, den schon Jahrzehnte vorher der Gedanke an eine »genetisch definierte Unterklasse« beunruhigte, die Opfer eines »ungerechten genetischen Würfelspiels« werden könnte. Es ist nicht irgendein Gebiet der Forschung, das hier berührt wird, sondern es ist die menschliche Individualität selber, die in Frage steht. Wie werden Versicherungsgesellschaften, Arbeitgeber oder staatliche Organisationen mit den Gendaten umgehen? Wie wird der einzelne Mensch auf die schonungslose Offenlegung seiner Gendaten reagieren, wenn ihm ein früher Tod durch ein hohes Karzinomrisiko vorausgesagt werden kann?

116

Restriktionsenzyme erleichterten auf ganz unerwartete Weise die Technik einer schnellen DNS-Sequenzierung. Lange DNS-Moleküle können in reproduzierbare Anordnungen von Bruchstücken zerlegt werden. Nachdem Sequenzierungsmethoden entwickelt wurden, um die genaue Reihenfolge von bis zu 500 Basen zu ermitteln, konnte man große Fragmente von mehreren 100 000 Basen Länge durch geeignete Restriktionsenzyme in kleine überlappende Bruchstücke zerschneiden und die Basenfolge ermitteln. Plötzlich war der Traum Wirklichkeit geworden, jede beliebige DNS zu sequenzieren. Mittels computergestützter Automatisierung konnten große Mengen von DNS-Sequenzen analysiert und verglichen werden. Die Sequenzierung des gesamten menschlichen Genoms konnte in Angriff genommen werden.

Der Herr der Sequenzierung: Von einem Nobelpreis für Seqenzierung zum nächsten: *Frederick Sanger*

Es war der englische Biochemiker Frederick Sanger, der 1951 erstmals zeigen konnte, daß die genaue Struktur der Eiweiße in der charakteristischen linearen Reihenfolge der 20 bekannten Aminosäuren begründet ist. Es hatte 15 Jahre gedauert, bis er die exakte lineare Reihenfolge von 52 Aminosäuren eines Eiweißmoleküls veröffentlichen konnte: Die erste Aminosäuresequenz, Primärstruktur eines Eiweißes, des Insulins, war gefunden. Auch diese grundlegenden Arbeiten zur Strukturaufklärung lebenswichtiger Moleküle wurden am Rutherford-Institut in Cambridge geleistet.

In den folgenden Jahren konnten mit der Methode Sangers die Aminosäuresequenzen einer ganzen Reihe von wichtigen Eiweißen ermittelt werden. Das besondere Interesse der biologischen Forschung galt zunächst der »Eiweißfamilie« des roten Blutfarbstoffs, Hämoglobin, und der »Antikörperfamilie«, Immunglobulin. Der Aufbau dieser Proteine und ihrer genetischen Varianten führte zu einem relativ genauen, aber indirekten Bild der Anordnung und Funktion der Gene auf den Chromosomen. Es waren nämlich stets indirekte Schlüsse, mit denen man die genaue Struktur und Anordnung der Gene auf den Chromosomen ermittelte. Ich selber habe vor Jahren viele Nächte damit zugebracht, mit dieser Methode die Anordnung der Gene des roten Blutfarbstoffs zu erforschen.

Die Aminosäure-Sequenzierung der Proteine erfaßt nur den endgültig in Eiweiß »übersetzten« Anteil der in der DNS gespeicherten

Geninformation, so daß mit dieser Methode wesentliche Besonderheiten der Säugetiergene nicht erfaßt werden konnten. Einige dieser Besonderheiten, die man später bei der direkten Sequenzierung der Basen auf der DNS herausfand, wie beispielsweise Pseudogene, die eine degenerierte Information der eigentlichen Gene darstellen, oder die Zerstückelung in einzelne Genfragmente, durch die zwischen die Information eingeschobenen intervenierenden Sequenzen (Introns) auf der DNS, wurden bereits erwähnt.

Sanger erhielt 1958 den Nobelpreis für Chemie, danach machte er sich an die Ausarbeitung einer biochemischen Methode, mit der man die Basensequenzen längerer Nukleinsäureabschnitte bestimmen konnte. Fred Sanger war ein genialer, eher wortkarger Forscher, der wenig von spektakulären Auftritten hielt. Wenn er sich gelegentlich herabließ, an der Universität Cambridge Vorlesungen über Biochemie und die Grundlagen der Sequenzierung von Proteinen oder Nukleinsäuren zu halten, kam es nicht selten vor, daß gegen Ende der Vorlesung die meisten Zuhörer überfordert und gelangweilt die Vorlesung verlassen hatten. Überdies galt in den 70er Jahren das Interesse der Molekularbiologen mehr den Problemen der Tumorforschung, und Sangers Sequenzierungs-Puzzlearbeit wurde eher belächelt. Auch war es für einen Nobelpreisträger eher ungewöhnlich, an einem völlig neuen Problem hart weiterzuarbeiten und sich mit langen Experimenten die »Finger schmutzig zu machen«. Die meisten Nobelpreisträger standen gewaltigen wissenschaftlichen Institutionen vor und ergingen sich in dem beliebten Kongreßzirkus, den sie alljährlich rund um die Welt veranstalteten. Der Sequenzierung wurde nicht viel Bedeutung beigemessen, sie wurde als marginal und wenig erfolgversprechend angesehen.

Dennoch, die exakten Informationen für Wachstum, Entwicklung und Vererbung eines jeden Organismus mußten in der Reihenfolge der Basenbuchstaben des Genoms kodiert sein. Die Restriktionsenzyme hatten es ermöglicht, eine Reihe von reproduzierbaren, aus etwa 500 Basenpaaren bestehenden Restriktionsfragmenten mit »klebrigen«

Enden zu erhalten, die direkt in Bakterien als künstliche Chromosomen oder etwas später mit der Polymerase-Kettenreaktion (PCR) vervielfältigt werden konnten. Es fehlte aber eine schnelle zuverlässige Methode, die genaue Basensequenz zu ermitteln.

»Sequenzierungs-Sanger« hatte die geniale Idee, die strikte Richtungsabhängigkeit der DNS-Polymerasen, die darin besteht, daß sie die DNS-Strang-Verlängerung nur von der 5´- zur 3´-Richtung hin vornehmen können, auszunutzen, indem er sie gewissermaßen austrickste. Sehen wir uns den Trick einmal genauer an: Die DNS-Polymerase benötigt immer ein Stück komplementäre RNS, den sogenannten Primer. Nur diesen hybriden DNS-RNS-Doppelstrang kann sie dann an der 3´-OH-Gruppe der vorangehenden Ribose verlängern. Die RNS-Sequenz des Primers wird alsbald wieder entfernt. Was würde aber passieren, so fragte Sanger, wenn man der Polymerase eine in der Natur nicht vorkommende Ribose anböte, die an der 3´-Position anstelle der OH-Gruppe nur eine H-Gruppe aufweist? Ein solches Molekül wäre eine in der Natur nicht vorkommende, synthetische Desoxyribose, der an der Position der 3´-OH-Gruppe ein zweites Sauerstoffatom entzogen wurde. Diese Ribose muß dann konsequenterweise als Didesoxyribose bezeichnet werden, weil ihr gleich zwei (lateinisch zwei: di) Sauerstoffatome fehlen.

Mit einer solchen Didesoxyribose synthetisierte Sanger die in der natürlichen DNS nicht vorkommenden Didesoxynukleotide, nämlich: ddATP, ddGTP, ddCTP und ddTTP. Was passiert biochemisch, wenn einem Gemisch (Ansatz) von natürlichen Desoxynukleotiden eine geringe Menge von künstlichen Didesoxynukleotiden beigegeben wird. Immer dann, wenn anstelle des normalen Nukleotids zufällig ein Didesoxynukleotid angehängt wird, muß die Polymerase die Synthese des komplementären Stranges an dieser Stelle abbrechen, weil ihr die für die weitere Synthese entscheidende 3´-OH-Gruppe fehlt.

Mit der neuen Methode ermittelte Sanger erstmals die vollständige Basensequenz eines Genoms. Und wieder ist es ein Bakteriophage, mit dem dieser neue Meilenstein in der Molekularbiologie gesetzt wird. Es ist die aus 5386 Nukleotiden, Basen, bestehende DNS des Bakteriophagen φ X174. Das war im Jahr 1978. Damals schickte ich eine Arbeit über den unermüdlichen Nobelpreisträger Frederick Sanger an ein deutsches Nachrichtenmagazin. Ich begann mit dem Hinweis auf seine Pionierarbeit bei der Sequenzierung der ersten Aminosäuresequenz des Insulins, beschrieb die Grundlagen der Sequenzierung eines Gens und schloß mit den zu erwartenden Implikationen für das gesamte menschliche Erbgut. Eine Reaktion habe ich nie erhalten. Das menschliche Erbgut war damals noch keine Nachricht wert.

Ein Vierteljahrhundert nach den bahnbrechenden Erkenntnissen über die erste Aminosäuresequenz eines Proteins gelingt Sanger die erste vollständige Basensequenz der DNS eines kompletten Genoms. Nach dem Nobelpreis für die Aminosäuresequenz des Insulins im Jahre 1958 erhielt er 1980 den zweiten für die erste Nukleotidsequenz eines Genoms. Er selber bemerkt dazu lapidar in der Nobel-Vorlesung: »Nach meiner Arbeit über die Aminosäuresequenzen in Proteinen wendete ich meine Aufmerksamkeit den Basensequenzen in Nukleinsäuren zu.« Als er 1988 eine Zusammenfassung seiner wissenschaftlichen Arbeit gab, überschrieb er sie bezeichnenderweise mit »Sequences, Sequences and Sequences«. (Einzelheiten zur »Sequenzierung« s. S. 164f.)

Etwa gleichzeitig mit Sanger erarbeiteten Alan Maxam und Walter Gilbert in Harvard, Cambridge/Massachusetts, eine Sequenzierungsmethode, die sich die unterschiedlichen chemischen Eigenschaften der einzelnen DNS-Basen zunutze macht, um markierte Bruchstücke zu erhalten, die sich jeweils nur um ein Nukleotid unterscheiden. Das Doppelstrangfragment, das es zu sequenzieren gilt, wird am 5´-Ende mit radioaktivem Phosphor markiert. Es wird dann vier unterschiedlichen chemischen Reaktionen, Ansätzen, ausgesetzt, die selektiv die DNS an unterschiedlichen Stellen spalten, hydrolysieren: immer nach einem G, nach einem G-A, nach einem C und nach einem C-T. Die Reaktionen werden zeitlich so angelegt, daß ein DNS-Fragment jeweils nur an einer einzigen Stelle hydrolysiert wird. Die radioaktiv markierten Fragmente aller vier Reaktionen haben die Markierung an einem Ende und die Bruchstelle am anderen. Die Bruchstücke werden, wie bei der Sanger-Methode, elektrophoretisch in einem Gel nach der Länge getrennt und autoradiographisch dargestellt. Die Linien aus der G- und C-Reaktion können nach Maßgabe ihrer Größe (Länge) direkt abgelesen werden. Linien aus der A-G-Reaktion, die nicht parallel in der G-Reaktion erscheinen, werden als A gelesen. Linien in der T- und C-Reaktion, die nicht parallel in der C-Reaktion erscheinen, werden als T gelesen. Die Reihenfolge wird, wie bei der Sanger-Methode, von unten nach oben gelesen.

Mit diesen ebenso simplen wie genialen Methoden ist weltweit das gesamte Erbgut des Menschen sequenziert worden. Die Möglichkeiten einer global vernetzten wissenschaftlichen »Laborgemeinschaft«, eine einmal etablierte Methode in wissenschaftlich-technischen Großbetrieben zu vervielfältigen, sind an der Geschwindigkeit, mit der das menschliche Genom entschlüsselt wurde – nämlich ein Jahrzehnt eher als angenommen –, eindrucksvoll vorgeführt worden. Das »Großprojekt« humanes Genom konnte jetzt in gentechnischen Massenlaboratorien sequenziert worden. Das tat der amerikanische Molekularbiologe Craig Venter, der sich in privater Konkurrenz zum humanen Genomprojekt mit industrieller Unterstützung ebenfalls an die Entschlüsselung des menschlichen Erbguts machte. Im Juni des Jahres 2000 kam es zu einem heftigen Prioritätenstreit zwischen der Firma »Celera Genomics« von Venter und dem »International Human Genom Sequencing Consortium« unter Leitung von Francis Collins, einem Molekularbiologen und früheren »Arbeitskollegen« von Craig Venter am National Institute of Health (NIH) in Bethesda, Maryland, einem Vorort von Washington. Um den Streit beizulegen, wurde eine gemeinsame Veröffentlichung aller Genomdaten für das Frühjahr 2001 vorgesehen. Da der Streit jedoch nicht beigelegt wurde, sondern im Gegenteil weiter eskalierte, veröffentlichte Collins seine Genomdaten in der Fachzeitschrift *Nature* und Venter seine Daten im Konkurrenzblatt *Science*. David Baltimore, der Sprecher für das Genom

Consortium, einer der Väter des Projektes vom California Institute of Technology, das in unserer Geschichte immer wieder eine besondere Rolle gespielt hat, überschreibt die Einleitung in *Nature* optimistisch mit »Unser Genom entschleiert«. Während Craig Venter trotz seines Ehrgeizes eher zurückhaltend und bescheiden auftritt, liebt es Francis Collins, mit schweren Motorrädern in Lederkluft zum renommierten National Institute of Health zu fahren.

Streit um Prioritäten durchzieht die Wissenschaftsgeschichte der Neuzeit wie ein roter Faden. Zwischen den Anhängern von Newton und Leibniz beispielsweise entflammte eine heftige Kontroverse um die Entdeckung der Infinitesimalrechnung. Man kann mit gutem Grund behaupten, daß Darwin und Wallace in den 50er Jahren des 19. Jahrhunderts unabhängig voneinander auf die Evolutionstheorie stießen und daß die Mathematiker Henri Poincaré in Frankreich und David Hilbert in Deutschland unabhängig voneinander und auf verschiedenen Wegen zu Beginn des 20. Jahrhunderts neben Albert Einstein die Relativitätstheorie fanden. Bestimmte wissenschaftliche Entdeckungen scheinen zu bestimmten Zeiten sozusagen in der Luft zu liegen, und es ist dann schwer zu entscheiden, wem die Krone gebührt. Es ist naheliegend, daß die DNS-Doppelhelix auch ohne Watson und Crick in den 50er Jahren des letzten Jahrhunderts entdeckt worden wäre.

Eine Vielzahl von Vorarbeiten über ein umschriebenes Fachgebiet weist zumeist auf die bestimmte Lösung eines wissenschaftlichen Problems hin. Eine allgemeine Öffentlichkeit entdeckt plötzlich ein besonderes Interesse für bestimmte wissenschaftliche Themen. Es ist dann nur noch eine Frage von wenigen Jahren, bis es einem Forscher gelingt, den gesamten Themenkreis abzuschließen.

Bei solchen wissenschaftlichen Streitfragen geht es um genetisch nicht einfach zu erklärende menschliche Eigenschaften wie Eitelkeit, Ruhmsucht und Machtstreben. Eigenschaften, für die es kein einzelnes Gen zu geben scheint. Seit dem 20. Jahrhundert geht es selbstverständlich auch um den Nobelpreis, die größte Trophäe auf dem Gebiet

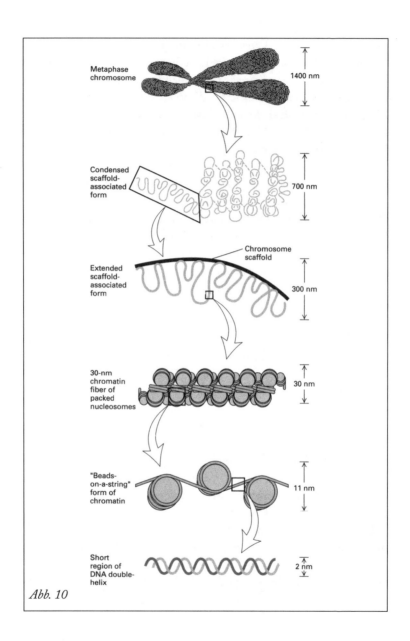

Metaphase
chromosome

1400 nm

Condensed
scaffold-
associated
form

700 nm

Chromosome
scaffold

Extended
scaffold-
associated
form

300 nm

30-nm
chromatin
fiber of
packed
nucleosomes

30 nm

"Beads-
on-a-string"
form of
chromatin

11 nm

Short
region of
DNA double-
helix

2 nm

Abb. 10

wissenschaftlicher Forschung. Und für die vollständige Sequenzierung des menschlichen Erbguts können eben nur drei Molekularbiologen den Nobelpreis bekommen. Es war aber eine ganze Reihe von qualifizierten Wissenschaftlern, direkt oder indirekt, an der Entschlüsselung des menschlichen Genoms beteiligt. Wie auch immer das Nobelpreiskomitee sich entscheiden wird, es kann keine gerechte Entscheidung geben.

Die Abbildung auf dem Umschlag dieses Buches zeigt einen Teil der gesamten Chromosomen eines Menschen. Insgesamt sind es 22 bei Frau und Mann identische Chromosomen plus jeweils einem X-Chromosom oder einem Y-Chromosom. Jedes Chromosom besteht aus zwei genetisch gleichen, sogenannten Schwesterchromatiden. Jedes Schwesterchromatid seinerseits besteht aus einem einzigen, um die Kernproteine gewundenen, spiralig zusammengewickelten DNS-Doppelstrang, wie *Abbildung 10* zeigt. Das gesamte Genom setzt sich aus den aneinandergesetzten Schwesterchromatiden sämtlicher 23 Chromosomen zusammen. Aneinandergereiht besteht dieser DNS-Strang wiederum aus einer kontinuierlichen linearen Reihenfolge von 3,2 Milliarden einzelnen Basen. Da der Abstand zwischen zwei Basen etwa ein drittel milliardstel Meter ist, hat der extrem dünne DNS-Strang, der die gesamte menschliche Erbinformation enthält, eine tatsächliche Länge von etwa einem Meter.

Dieses Gebilde aus Zucker, Phosphorsäure und Basen muß nun ineinander verdreht in einem Zellkern mit einem Durchmesser von einem zehntausendstel Meter untergebracht werden. Umgekehrt bestand die Aufgabe für das humane Genomprojekt darin, dieses Gebilde aus dem Zellkern zu isolieren, gezielt zu zerschneiden, zu vermehren, die genaue Reihenfolge jeder einzelnen Base zu ermitteln und schließlich durch Überlappung die Gesamtsequenz zu bestimmen. Die Stecknadel im Heuhaufen ist leichter zu finden.

Der DNS-Faden existiert im Zellkern als kompakte Masse, die in einem äußerst limitierten Volumen untergebracht werden muß. Das Prinzip besteht also in der Organisation des kompakten genetischen

Materials und seiner unterschiedlichen Aktivitäten während der Zellteilung und den späteren vielfältigen Aufgaben der unterschiedlichen Zellfunktionen im Organismus. Außerdem muß die kompakte Organisation Übergänge zwischen aktiven und inaktiven Teilen des Genoms erlauben. Die Länge des ausgestreckten DNS-Stranges übertrifft um ein Vielfaches die Dimensionen des Gehäuses, in diesem Fall des Zellkerns, das er ausfüllt. Im Gegensatz zum Bild der DNS in Form einer linearen ausgestreckten Doppelhelix ist die verdrillte, in sich gefaltete kompakte Form eher die Regel. Die kompakte Form bewirkt, daß der größte Teil der Geninformation nicht mehr abrufbar ist. Nur im Stadium der embryonalen Stammzellen ist die gesamte Geninformation noch leicht zugänglich. Die Unzugänglichkeit gewährleistet aber eine lebenslange Schutzfunktion, denn aus einer Hirnzelle kann niemals mehr eine Herzmuskelzelle werden, mit der das Hirn nichts anzufangen wüßte oder durch die das Herz plötzlich heimliche Gedanken hätte.

Die Kompaktheit der Chromosomenfaser ist flexibel; sie verändert sich während des Zellzyklus. Während der Zellteilung ist das Chromosom noch kompakter als in den übrigen Phasen des Zyklus. Eine noch ungeklärte Frage betrifft die Spezifität der dichten Verpackung des genetischen Materials. Bisher ist kein eindeutiges Muster erkennbar. Wie geht die spezifische Entwirrung des Knäuels vor sich, wenn nur ein kleiner Teil der genetischen Information abgerufen werden soll? In den blutbildenden Zellen des Knochenmarks werden von den über drei Milliarden Buchstaben des insgesamt ein Meter langen DNS-Fadens nur einige tausend als Information für die Synthese der Globinketten benötigt. Sie müssen aus dem kompakten, in sich »verknäulten« DNS-Protein-Wirrwarr von einer Boten-RNS-Polymerase gefunden und abgelesen werden können.

Trotz des Prioritätenstreits der Institutionen liegt jetzt die gesamte Basensequenz im Computer gespeichert, für jeden abrufbar und einsehbar im Internet. Es wird aber eines deutlich: Das menschliche Genom ist zwar vollständig sequenziert, aber noch lange nicht vollständig entschlüsselt und verstanden. Wir kennen die Reihenfolge sämtlicher Buchstaben des Lebensbuches, wir können hier und da einige Wörter, gelegentlich auch ganze Sätze lesen, aber vom Verständnis des Ganzen sind wir noch weit entfernt. Es scheint ein Naturgesetz der Wissenschaft zu sein, daß mit jeder beantworteten Frage viele neue aufgeworfen werden.

Entschlüsselte Genwörter im Buchstabensalat:
Venter und Collins

Das vollständige biologische Erbgut des Menschen ist in einer linearen Buchstabenschrift von vier Basenbuchstaben in analoger Weise niedergelegt wie das vollständige kulturelle Erbe in einer Buchstabenschrift von 26 Buchstaben. Ein Gedanke, der im 18. Jahrhundert in ähnlicher Weise vom Königlich Schwedischen Leibarzt Carl von Linné geäußert wurde. Linné leitete die heute geläufige hierarchische Klassifizierung der Organismen mit festen Benennungen und regelhaften Charakteristiken nach Klassen, Ordnungen, Gattungen und Arten ein. Er begründete damit, aus dem Geist der Aufklärung, eine neue Epoche der empirischen Naturforschung. Seine »binäre Nomenklatur« bestand in der Benennung einer Art durch Doppelnamen, dem der *Gattung* und einem charakteristischen Beiwort, »gleich dem menschlichen Familiennamen und dem Vornamen des täglichen Lebens«, wie er 1751 schrieb. Als seine Hauptleistung betrachtete Linné die sogenannten *Genera plantarum* (1737) mit den Grundsätzen zur Auffindung der natürlichen *Gattungen*, die nur durch Beobachtung aller Merkmale der Blumenkrone festzustellen sind. Während *Klassen* und *Ordnungen* als übergeordnete Kategorien aufgestellt wurden, sind *Gattungen* und *Arten* nicht künstlich zu ordnen, sondern nach 26 Einzelcharakteren, an Kelch, Krone, Staubfäden, Stempel, Frucht und Blütenboden, zu analysieren, mit denen der Schöpfer, wie Linné meinte, »die Pflanzen wie mit Buchstaben des Alphabetes gezeichnet« habe, die nur »richtig gelesen« werden müßten, um die Schöpfung zu verstehen. Der Topos, die Schöpfung sei in Gottes Buch des Lebens niedergelegt, findet sich in vielen christlichen Schriften, so etwa im *Cherubinischen Wandersmann*: »Die Schöpfung ist ein Buch. Wer's weislich lesen kann, / Dem wird darin gar fein der Schöpfer kundgetan.« Verfasser ist der 1624 in Breslau geborene Arzt und Dichter Johann Scheffler, der sich »Angelus Silesius«, Schlesischer Bote, nannte. An Linné und seine Analogie zu den 26 Buchstaben des menschlichen Alphabetes erinnerte sich 250 Jahre später, bei Beginn der Arbeit am humanen Genomprojekt, keiner der Forscher. Aber die Sehnsucht nach der Entzifferung des Lebensbuches und der Glaube, damit die Schöpfung besser zu verstehen, hat sich bis in unsere Zeit erhalten.

Die tiefsitzende Angst vor genetischen Manipulationen entspringt wohl einer Urangst des Menschen davor, Veränderungen an der Schrift Gottes im Buch des Lebens vorzunehmen. Denn alle anderen Eingriffe, wie Amputationen, Transplantationen oder Transfusionen, bleiben von diesen Urängsten unberührt. Sie spielen sich nicht im engsten göttlichen Schöpfungsbereich seiner Buchstabenschrift des Lebens ab. Dieser unterschwellige Zusammenhang der Schöpfungsvorgänge zu Urphantasien und Urängsten des Menschen gehört auch zu den Ursachen für die emotional geführte kontroverse Diskussion über gentechnische Experimente mit embryonalen Stammzellen und Präimplantationsdiagnostik, PID. Der Begriff »Konsens«, der für diesen Themenbereich herbeigeführt werden soll, ist irreführend.

Nachdem das »Lebensalphabet« des Schöpfers vollständig sequenziert worden ist, können wir zur Veranschaulichung die vier Genbuchstaben A T G C auf die 26 Buchstaben unseres herkömmlichen Alphabetes übertragen und einen DNS-Abschnitt von 2000 Basen darstellen. *Abbildung 11* zeigt einen solchen Abschnitt von 2000 Buchstaben, stellvertretend für eine Seite aus dem gesamten genetischen Lebensbuch des Menschen. Bei rund drei Milliarden Buchstaben hätte unser so übertragenes Lebensbuch eineinhalb Millionen solcher Seiten. Drei Milliarden dividiert durch zweitausend gleich eineinhalb Millionen oder ($3 \times 10^9 : 2 \times 10^3 = 1,5 \times 10^6$). Im Buchstabensalat können wir gelegentlich hier und da ein Genwort ausfindig machen.

```
1    MNBVCXYLKJHGGFDSAASDFGHJHJKLQWERTZUIOPLKJHGFDS
     AVDWASXYCFGZUIOKJMNHBVGTZTRFDCXSAEFDYEWSAJEZDH
     GCMKIGUZEGSFWRADKMFJRULKJHGFDSAOIUZTREWQMNBVV
     QSAYDRECXFVBHGZTUIJHNBRTZUIOPKJHGFDSAYXCVBNMKLI
5    UHGTFRDESSERDDOIUATTCCATTCCATTCCATTCCATTCCATTC
     MENSCHLICHESATTCCATTCCATTCCKJHGFREDSXVFGZHUJIKO
     LMKJHBGVFDCSERTZUIOKJHGBVFCDSAERTWPLKIJUHZGTFRD
     ESWAQSXYDCFVGBHNJMKKJUHZTRFDESWDTFGPOLKIJMNHB
     GVFCDXSYAWEQRTZUITTAGGGTTAGGGTTAGGGTTAGGGTTAG
10   GGTTAGGGTTAGGGTTAGGGTTAGGGTTAGGGTTAGGGTTAGGG
     ERBGUTMNBVCXYASDFGHJKLOIUZTREWQDDFFGGQWESAYXD
     CFRTZGHVBNHJUIOKJMLOPKJHZUTFREDSWQAYXCVBNMQWE
     RTZHUJIKOPLKJASZSDIFOGJMNBVCXYASDFGHJKLPOKJIUZTR
     EDSYXFGZHUIOPLIKMNJHUZTGCFTREDSAXYVBHNJMKLOPOIU
15   ZTGFRDEWSAWERUZHGFDXCVBNMKLOIJUHZGTFREDSWQAYX
     CVFVBBHGZPOKIJUHZGZTWRFSDCBGFHJUIOPLKIJUHZNHBVG
     FTREWSADXCFVGBHJHIKOLPOIUZMNVHFGDUEZTRGQPOIKLU
     HGVCFTRDXYSEWAQQWERTZUIOPASDFGHJKLLMNJHBGVCXY
     SADFGHUZTRBNHOLKJHGQWERTZUIOPLKJHGFDSAYXCVBNM
20   VOLLINVSTAENDIGMNBVCXYLKJHGFDSAOPIUZTREWQYXCASD
     WERTOIUKJHGFDMNBVCGFGLOKIUZGHGGDFERMJHZTGFRED
     CXSDEWAKJUHNMKOIUTFRESDWESAXYCVGBHNJKOLPMNBHU
     ZGTFREDSXYAQIEURZFHGPOKIUJHBGVFCDXSAASDFGHHJKLO
     SEQUENZIERTLKIJRUHFZTDMNHBVCXYSAWERTZUIOPLKJNBH
25   GUZTRFDSERTZUHGFDCXYMKOIJBHUZGVCFTRDXYSEWAQQSC
     VGZUJMPOKJUHBVGTFRDESCXYSAQWERTPOIUJNHBVGFTRED
     XYSCVBGFHJOIUNKJHGTFRDPOIUZLKJHGFDMNBVCXYHGFDSA
     GGGCAGGAXGGGGCAGGAXGGGGCAGGAXGGGGCAGGAXGGG
     GCAGGAXGGGGCAGGAXGGGGCAGGAXGGGGCAGGAXGGGGC
30   AGGXGGGGCAGGAXGGGGCAGGAXGGGGCAGGAXGGGGCAGG
     AXGGGGCAGGAXGGGGCAGGAXGGGGCAGGAXGGGGCAGGAX
     GGGGCAGGAXGGGGCAGGAXGGGGCAGGAXGGGGCAGGAXGG
     GGCAGGAXGGGGCAGGAXGGGGCAGGAXGGGGCAGGAXGGGG
     CAGGAXGGGGCAGGAXGGGGCAGGAXGGGGCAGGAXGGGGCA
35   GGAXGGGGCAGGAXGGGGCAGGAXGGGGCAGGAXGGGGCAGG
     AXGGQWERTZUIOPASDFGHJKLMNBVCXYYSEWAXDCFRTGVHZU
     JHBHGUJNMKIOPLKMNJUHZGTVFCDXRESYWQAYSEDXCFRGZT
     KIJUOKPOINHBWDCFVGRTZGFDFSCXDSARTZUIIMBVVVVOIUG
     FFFDSAEEERTVBGGZUIIIKNMNJHBGOPIIUZZZTRFDSAYXCVFFF
40   GHJKKKUHZTTRREEDSMDKDIDKEIJFURJFUDHDZEHDGFBFGM
     VKIFIRUZUEWEIOUZZZUMJDHGERFASDMKOIJNBHUZGVCFTRR
     DXYSEWAQASDFFGHJHJKKLLOLOIUZZHGFADWETPOKLOIUJ
```

Abb. 11

Der Anfang von Zeile 6, 11, 20 und 24 ergibt: »Menschliches Erbgut vollständig sequenziert.« Im »Genwort« »vollständig« ist eine intervenierende Sequenz, ein sogenanntes Intron, eingefügt, als Beispiel für ein zerstückeltes Gen. In der späteren Aminosäuresequenz dieses Proteins erscheint das Intron nicht mehr.

Machen wir uns jetzt auf, die sprichwörtliche Stecknadel im Heuhafen zu suchen, die Genwörter im Buchstabensalat nämlich. Man isoliert aus einer Vorläuferzelle der menschlichen roten Blutkörperchen die Boten-RNS für die α-Globin-Kette und markiert sie dann radioaktiv. Diese markierte Boten-RNS läßt man mit den Bruchstücken der DNS des Genoms reagieren, das man zuvor mit einem Restriktionsenzym zerschnitten hat. Der komplementäre RNS-Strang wird dann eine Basenpaarung mit dem einzigen komplementären DNS-Genstück eingehen, das ihm entspricht. Denn dieses Genstück war ja die »Matrize«, an der er durch Transkription gebildet wurde, um die Genbotschaft vom Zellkern in das Zytoplasma zu transportieren. Man braucht dann nur noch nach dem einzigen radioaktiv markierten DNS-RNS-Doppelstrang zu suchen und hat das α-Globin-Gen isoliert. Die Globin-Gensequenz wird mit der Polymerase-Kettenreaktion oder mit einem künstlichen bakteriellen Chromosom vervielfältigt (kloniert). Mit dieser Methode fand man sehr bald, daß das Gen nicht nur die kodierenden und in der Boten-RNS vorhandenen komplementären Sequenzen besaß, Exons, sondern beispielsweise noch die sogenannten Introns, die intervenierenden Sequenzen, die keine kodierende Triplet-Information mehr besitzen, um Aminosäuren zu kodieren.

In den Anfängen der Genomforschung wunderten sich die Molekularbiologen über die ungeheure Menge von DNS in den Chromosomen, die keine Geninformation besaß. Wir sind dem Problem schon beim DNS-Paradoxon begegnet. Eine wiederholte Frage war in jenen Jahren, warum es so viel »junk«, Abfall, im Chromosom höherentwickelter Arten gäbe. Ein Leitartikel in der Wissenschaftszeitschrift *Nature* titelte: »Why is there so much junk in the chromosome?« (Warum gibt es so viel Abfall im Chromosom?) Schon bald wurden sogenannte SINES gefunden; dahinter verbirgt sich das Akronym für »short interspersed repeated sequences«, eine Gruppe von kurzen, etwa 500 Basen langen Genabschnitten, deren »Buchstabensalat« mehrere hunderttausend Mal über das gesamte Genom verteilt gefunden wird. Die Basensequenzen einer ganzen Reihe solcher SINES wurde inzwischen beim Menschen ermittelt. Sie sind nicht identisch, aber sie weisen so viele Ähnlichkeiten auf, daß man sie als verwandt bezeichnen darf. Viele SINES liegen in unmittelbarer Nachbarschaft von aktiven Gensequenzen, scheinen aber keine spezifische Funktion zu besitzen. In Bakterien und nicht so hoch entwickelten Arten sind diese sich dauernd wiederholenden Abschnitte nur äußerst selten.

Die vermutete große Anzahl von Genen, mit der die Besonderheit des Menschen erklärt werden sollte, schrumpfte in den zurückliegenden zwei Jahren immer weiter zusammen. *Caenorhabditis elegans*, ein etwa 1 mm langer Fadenwurm, der aus insgesamt 995 Zellen besteht und unangenehmerweise zeitweilig unseren Dickdarm bevölkert, hat erstaunlicherweise schon halb so viele Gene wie sein »Wirt«, der *Homo sapiens*. Damit mußte die Vorstellung, daß die Entwicklung allein nach einem genetisch fixierten Plan abläuft, aufgegeben werden und der Einsicht weichen, daß die biologische Entwicklung als Netzwerk von Ereignissen ohne festes Programm zu betrachten ist.

In der Folge naturwissenschaftlicher Erkenntnisse des zurückliegenden halben Jahrtausends hat der Mensch zuerst seine Stellung im Zentrum des Universums verloren. Charles Darwin ließ ihm noch die Vorstellung, wenigstens biologisch in der Evolution eine krönende Sonderstellung einzunehmen, was angesichts der Greuel im Ersten Weltkrieg und der politischen Situation danach Karl Kraus zu der Äußerung veranlaßte: »Die Krone der Schöpfung, das Schwein der Mensch.« Die jüngsten Erkenntnisse der Genomforschung belegen, daß wir mit den höheren Affen genetisch nahezu identisch sind und uns von Fadenwürmern und Fliegen genetisch nicht sehr unterscheiden. Natürlich ergibt sich hieraus zwangsläufig, daß es auch keinen genetischen Unterschied zwischen den Rassen geben kann. Wir befinden uns wieder, wie es schon Platon, Buddha, Christus und der Kirchenvater Augustinus empfanden, am Anfang der Frage: Was ist der Mensch? Die Gentechnik hat viele Fragen beantwortet, aber noch mehr neue aufgeworfen. Mit jedem wissenschaftlichen Loch, das man stopft, tut sich eine Anzahl neuer auf.

In unseren etwas mehr als 30 000 Genen ist streng vorgegeben, was entstehen kann. Aber alles, was wirklich entsteht, angefangen bei den ersten Differenzierungen im Mutterleib bis hin zu den hochentwickelten Eigenschaften des menschlichen Denkens, ist das Reaktionsergebnis der Gene auf individuelle Entwicklungsbedingungen, also etwas epigenetisch Gewordenes und Erworbenes. Die Gene legen die epigenetischen Regeln fest, die Nervenbahnen etwa und die Regelmäßigkeiten der geistigen Entwicklung, durch die sich der individuelle Verstand selbst organisiert. Der Verstand erweitert sich von der Geburt bis zum Tod, indem er Bestandteile der für ihn zugänglichen Kultur absorbiert und eine Auswahl trifft, die wiederum von epigenetischen Regeln, die das Individuum geerbt hat, gelenkt wird. Epigenetische Regeln und postgenetische Entwicklungen sind dafür verantwortlich, daß wir Menschen zwar genetisch identisch sind, uns aber beispielsweise intellektuell und charakterlich deutlich unterscheiden. Die Unterschiede zwischen den Menschen liegen in solchen epigenetisch-postgenetischen Verbindungen, die wir soeben erst erkannt haben, aber noch lange nicht erklären können.

Differenziertere Merkmale sind polygenen Ursprungs, d.h. eine Folge von komplexen Wechselwirkungen einer ganzen Reihe von Genen untereinander sowie zwischen diesen und den ständig wechselnden Umweltbedingungen. Nur der rein biologische Teil unseres Lebens hängt daher an dem seidenen Genfaden, mit dem wir uns auf diesen Seiten beschäftigt haben, den wir verstehen wollten. Der andere Teil unserer Menschwerdung, unserer individuellen Unterschiede sowie unserer Sonderstellung im Kosmos bleibt Geheimnis. Wie groß der jeweilige Anteil der Gene oder der Umwelt ist, der unser Leben gestaltet, wurde zu verschiedenen Zeiten unterschiedlich beantwortet. Trotz allen rasanten wissenschaftlichen Fortschritts, der ja auch etwas spezifisch Menschliches zu sein scheint, bleiben unsere genetisch nicht erklärbaren Träume, Freuden und Ängste. Aber auch unsere Aggressionen, unsere Eitelkeiten und unser Egoismus.

Bei den Bemühungen, so viel wie möglich über die Natur zu lernen, hat die moderne Quantenphysik herausgefunden, daß bestimmte Phänomene – wie der genaue Aufenthalt eines Elektrons oder die Kausalität beim radioaktiven Zerfall – nie mit Gewißheit bekannt sein können. Ein Großteil unserer Kenntnisse muß immer ungewiß bleiben. Das Äußerste, was wir wissen können, ist in Wahrscheinlichkeiten ausgedrückt.

Klonen, Gentherapie und omnipotente embryonale Stammzellen

Das Klonen von Monstern und Mini-Einsteins sowie die experimentelle Forschung an embryonalen Stammzellen hat zwar eine medienwirksame Popularität entwickelt, aber mit der Genetik und der »Entschlüsselung« des Genoms, wie wir sie bisher dargestellt haben, wenig gemeinsam. Nach unserer Definition ist ein Klon eine Population von identischen Zellen oder von DNS-Molekülen, die von einer einzigen Vorläuferzelle abstammen. Das gesamte Genom eines Menschen entspricht in diesem Sinne einer großen Anhäufung von DNS-Molekülen, den gesamten 23 langen DNS-Strängen der 23 menschlichen Chromosomen. Es ist leicht einzusehen, daß kein »normaler« Mensch, der aus einer befruchteten Eizelle hervorgegangen ist, ein Klon sein kann. Er ist hervorgegangen aus der Verschmelzung einer gemischten Population von DNS-Molekülen, den 23 Chromosomen der Mutter und einer keineswegs identischen Population, nämlich den 23 Chromosomen des Vaters. Er ist also in diesem Sinne nicht aus identischen DNS-Molekülen hervorgegangen.

Nach der Befruchtung kommt es durch eine Rekombination der mütterlichen und väterlichen Chromosomen zu einer Vermischung der elterlichen Gene, einem zufälligen Zusammenwürfeln von Erbanlagen. Besonders eindrucksvoll beim sogenannten »Crossing over«, bei dem ganze Chromosomenstücke des einen elterlichen Chromosoms auf das andere übergehen und umgekehrt. Das »Crossing over« nach der Befruchtung ist vermutlich für die rasante Evolution der Säugetiere verantwortlich. Einstein hat sich ein Leben lang dagegen gewehrt, daß der »liebe Gott« in der Quantenmechanik würfelt, heute müßte er einsehen, daß er sogar bei der Vererbung würfelt. Aber er tut dies aus gutem Grund. Ohne diese zufällige genetische Rekombination nach jeder Befruchtung würde der genetische Inhalt, die genetische Information, eines Chromosoms unwiderruflich festgeschrieben. Veränderungen würden nur noch durch gefährliche Mutationen herbeigeführt, die nicht mehr rückgängig zu machen wären. Die zufällige Rekombination der Gene führt zu einer Trennung von vorteilhaften und unvorteilhaften Mutationen, die in einzelnen Individuen in neuer Anordnung ausgetestet werden können, die Säugetierevolution wird nur ganz selten in eine Sackgasse geraten. Folglich ist es schon früh in der Evolution zu einer Trennung der Geschlechter gekommen, und die Natur muß weit entfernte Gene zusammenwürfeln und »bestraft« Inzucht mit Fehlgeburten, Krankheiten und Sterilität. Daher gibt es in fast allen Gesellschaften, die wir kennen, das Tabu des Inzests. Die Angst vor dem Tabu ist vermutlich auch der Grund für unsere tiefe Aversion gegen alle Versuche einer Klonierung des Menschen, die die höchste Form von Inzest darstellt, die denkbar ist.

Welche Folgen die neuen Bewegungsstürme ganzer Völker für die gesellschaftliche und die kulturgeschichtliche Entwicklung der Menschheit haben, ist noch nicht erkennbar. Unter dem biologischen Aspekt der Bewegung und Durchmischung des Erbmaterials im Genpool der Menschen kann man diese Entwicklung allerdings begrüßen, denn es scheint ganz so, als hielten die Überflußgesellschaften in einer kulturgeschichtlichen Leerlaufsituation sich selbst gefangen. Unter diesem Gesichtspunkt wird die Klonierung von Menschen zwar ein gewaltiger ethischer Tabubruch und kann für das einzelne Individuum zur Tragödie werden, eine Bedrohung der Menschheit stellt sie in biologischer Hinsicht nicht dar. Ich bin sicher, daß die Menschheit weiterhin Spaß daran haben wird und dafür sorgt, daß, wie es die Biologen erstmals vor Messina bei Seeigeln beobachteten, Eizelle und Sperma von verschiedenen Menschen auf ganz natürliche Art und Weise zusammenfinden. Auch wenn wir das Klonen aus ethischen und biologischen Gründen ablehnen, müssen wir dennoch sehen, worum es grundsätzlich geht.

Ein kloniertes menschliches Wesen müßte aus einem einzigen Genom, dem des Vaters oder dem der Mutter, und aus einer einzigen genetischen Vorläuferzelle hervorgegangen sein. Versuche, aus einem einzigen Genom durch Zellteilung einen Organismus, also einen wirklichen Klon, hervorgehen zu lassen, hat es schon in den 70er Jahren des letzten Jahrhunderts gegeben. Grundüberlegung ist, daß man entweder das weibliche oder das männliche Genom in eine Umgebung bringt, die zur Zellteilung fähig ist und die alle Erbinformationen für die künftigen Zellgenerationen, die dann zu Organen und zum vollständigen Organismus ausreifen, aus dem zugeführten Genom nimmt.

Einige Forscher haben sich von dem »geheimen Bangen, die Spitze der Präpariernadel in das seine Furchung beginnende Ei« zu versenken, das noch den deutschen Anatom Wilhelm Roux im Jahre 1882 gepackt hatte, weit entfernt. Roux war sich auch der »Roheit dieses Eingriffes in die geheimnisvolle Werkstatt aller Kräfte des Lebens« bewußt und verglich diesen mit dem »Einwurf einer Bombe in eine neu gegründete Fabrik«. Er konnte nicht ahnen, daß sich die Bomben des Jahres 1882 ebenso von den Bomben des kommenden Jahrhunderts unterscheiden würden wie die manipulativen Eingriffe am Erbmaterial des Menschen am Ende des kommenden Jahrhunderts von seinen Eingriffen an den Eiern der Seeigel.

Diese Versuche wurden von der Gruppe um den britischen Embryologen John Gurdon durchgeführt. Sie entfernten oder zerstörten mittels intensiver ultravioletter Bestrahlung den Kern in Eizellen von Fröschen und injizierten anschließend in die kernlose Eizelle Zellkerne einer artgleichen Kaulquappe. Die Fähigkeit der transplantierten Kerne, die Normalentwicklung eines Frosches hervorzurufen, nahm mit dem Alter des Kernspenders ab. Wurden Kerne aus Zellen früher Embryonen verwendet, entwickelten sich die Empfänger-Eizellen zu normalen Kaulquappen. Nahm man für die Kerntransplantation Kerne aus den Zellen sehr weit entwickelter Kaulquappen, Darmzellen beispielsweise, so entwickelten sich weniger als 2 Prozent zu normalen Kaulquappen; die meisten entwickelten sich überhaupt nicht oder nur geringfügig.

Daraus ergeben sich zwei wichtige Aussagen: Erstens ändern sich die Kerne im Laufe der Entwicklung irgendwie. Zweitens ist diese Veränderung gelegentlich auch wieder rückgängig zu machen – was die 2 Prozent der Empfänger-Eizellen beweisen, die sich mit den Kernen älterer Kaulquappen zu normalen Kaulquappen entwickelten. Der Kern einer weiterentwickelten Zelle besitzt noch alle Gene, die einen Organismus ermöglichen. Die auf wenige Funktionen festgelegten Körperzellen des Darms unterscheiden sich strukturell und funktionell also nicht von frühen embryonalen omnipotenten Zellen, die noch alles können und sich auch noch in alle unterschiedlichen Zellen entwickeln können. In den späteren Zellen werden nur noch bestimmte Informationen abgerufen, mit anderen Worten: Nur bestimmte Gene werden aktiviert, andere Gengruppen dagegen inaktiviert. Vermutlich kann man differenzierte spätere Zellstadien nicht mehr vollständig in Zellen mit der Potenz der ganz frühen embryonalen Phase zurückführen.

Die molekularbiologische Forschung hat eindeutig zeigen können, daß die gesamte genetische Information noch vorhanden ist, jedoch blockiert und nicht abrufbar. Hier liegen die Schwierigkeiten der Arbeit mit ausgereiften erwachsenen Zellen. Manchmal wird der frühe Zustand der Omnipotenz fatalerweise durch bestimmte Tumorviren wieder aktiviert, und die so transformierte Zelle wird zur Krebszelle.

Für die medizinische Forschung ist es von großer Tragweite, daß die Differenzierung nicht endgültig in eine Einbahnstraße führt, sondern daß auch »erwachsene« Zellen spät in ihrem Leben wieder in omnipotente oder wenigstens pluripotente Zellen zurückgeführt werden können. So wird es möglich sein, Hirnzellen nach Schlaganfällen oder Herzmuskelzellen nach einem Herzinfarkt nachwachsen zu lassen, hat man erst einmal den genauen Mechanismus der »Rückdifferenzierung« erforscht. Patienten mit Lähmungen durch einen Schlaganfall könnte auf diese Weise geholfen werden. Aber hier setzt die Problematik der Forschung mit embryonalen Stammzellen ein. Um die Rückdifferenzierung einer entdifferenzierten erwachsenen Zelle herbeiführen zu können, muß der Vorgang der Differenzierung an embryonalen Stammzellen genau erforscht werden.

Im Jahre 1997 wurde von britischen Wissenschaftlern ein Schaf vorgestellt, das 1996 aus dem implantierten Zellkern der Euterzelle eines anderen Schafs geklont worden war.

Da jedoch epigenetische Phänomene wie Umwelteinflüsse und Zeitumstände für die Ausbildung eines menschlichen Individuums nach den jüngsten Erkenntnissen von ebenso großer Bedeutung sind wie die rein genetischen Grundlagen, würde ein geklonter Einstein nach 60 Jahren zwar ähnlich aussehen wie Albert Einstein, aber sicher keinen Schnauzbart tragen oder einem Reporter die Zunge rausstrecken. Außerdem könnte er weder die Spezielle noch die Allgemeine Relativitätstheorie entdecken, denn das hätten Hilbert und Poincaré schon vor ihm getan, noch hätte er Hitlers Weltenbrand erlebt. Durch die unterschiedlichen Zeitprägungen und die epigenetischen Phänomene wäre er vermutlich ein ganz normaler jüngerer Bruder vom Nobelpreisträger und Physiker des Jahrhunderts geworden, mit allen Unterschieden der Persönlichkeit, wie wir sie auch sonst kennen.

Die embryonalen Stammzellen, die sich aus der befruchteten Eizelle bilden, sind in einem sehr frühen Stadium identisch und zusätzlich omnipotent. Omnipotent bedeutet, daß sie noch nicht zu einem spezialisierten Zelltyp geworden sind, der nur noch eine Entwicklungsrichtung zu Ende gehen kann: nur noch Leber-, Blut- oder Herzmuskelzelle werden kann. Man versucht seit kurzem, die Entwicklungsrichtung der Zellkerne dieser spezialisierten, nicht mehr omnipotenten Zellen umzukehren, sie sozusagen wieder zu embryonalen Stammzellen umzufunktionieren. Ein Unterfangen ohne sicheren Ausgang, da die Entwicklungsschritte, die zur Spezialisierung führen, nur in Umrissen bekannt sind. Aus den Versuchen mit Kaulquappen ist klar, daß die Zellkerne omnipotenter embryonaler Stammzellen die idealen genetischen Informationsträger für alle Klonierungsversuche sind.

Versuche an frühen, omnipotenten embryonalen Stammzellen werden die Entwicklung der gesamten Gentechnik in Zukunft entscheidend bestimmen. Wir haben es mit einem sozusagen taufrischen Genom zu tun, das noch an keiner Stelle Blockierungen aufweist und alle Möglichkeiten späterer Entwicklung und Differenzierung in sich trägt. Auch alle medizinisch-therapeutischen Innovationen der kommenden Jahre werden von den Versuchen mit diesen Stammzellen profitieren.

Im Jahr 1998 gelang es dem amerikanischen Molekularbiologen James Thomson, aus menschlichen Embryonen Stammzellen zu gewinnen und in Zellkulturen zu vermehren. Im Internet werden seitdem diese Zellinien angeboten: 5000 bis 6000 US-Dollar für zwei Fläschchen. Nur mit Hilfe der Erkenntnisse aus Forschungen an den embryonalen Stammzellen lassen sich die gentherapeutischen Ziele erreichen.

Die Gentherapie setzt ein weitaus differenzierteres Umgehen mit dem genetischen Informationsmaterial voraus als die klobige Zellkerntransplantation ganzer Zellkerne. Ziel der Gentherapie ist ein gezielter Eingriff an der genetischen Information. Kommt es aus irgendeinem Grund zu einer Veränderung an der genetischen Buchstabenschrift für ein bestimmtes Genwort, so kann es entweder durch die Veränderung der genetischen Information zur Synthese eines veränderten Proteins kommen oder dazu, daß das Protein überhaupt nicht synthetisiert wird. Ziel der Gentherapie ist es, die genaue Veränderung der Genbuchstaben in den Genwörtern festzustellen, um den ursprünglichen gesunden Zustand wiederherzustellen. Dazu können fehlende Buchstaben und ganze Wörter ersetzt, falsche ausgetauscht oder zusätzliche entfernt werden.

Die Möglichkeiten und Versuchungen sind verlockend, den Informationsinhalt eines noch nicht differenzierten Genoms einer embryonalen Stammzelle für die Gentechnik zu verwenden. Man kann den vollständigen Informationsgehalt in eine andere, entkernte Eizelle transferieren und ein neues Individuum klonieren. Er läßt sich aber auch in Teilausschnitten abrufen, und auf diese Weise könnte gezielt auf ganz bestimmte Organfunktionen zugegriffen werden, z. B. könnten embryonale Stammzellen auf die Produktion von Leber-, Nerven- oder Nierengewebe programmiert werden. Mit DNS-Teilabschnitten könnten kranke Teilabschnitte in anderen Genomen therapiert oder repariert werden.

Inzwischen ist der genetische Eingriff am Erbmaterial, Genmanipulation, zum festen Bestandteil der biologischen Forschung geworden. Noch vor etwa zwei Jahrzehnten konnte man allenthalben vom »Teufelswerk« der Gentechnik und Genmanipulation lesen. Diese Verteufelung hat sich inzwischen allein auf die Arbeit mit embryonalen Stammzellen des Menschen verlagert, also mit gerade entstehenden Menschen. Bei einer solchen emotional aufgeladenen Thematik ist es sehr schwer, auf die überzeugenden Argumenten der anderen Seite einzugehen. Die Ein- und Zuordnung der menschlichen Existenz ist am Anfang und am Ende des Lebens emotional überlagert und nicht präzise definierbar. Das zeigt sich schon darin, daß es unterschiedliche Argumente dafür gibt, wann man vom Beginn eines menschlichen Wesens sprechen kann oder wann vom Ende. Die Grundeinstellung jedes einzelnen zu den Übergängen aber hat mit seinen wissenschaftlichen Kenntnissen und Argumenten wenig zu tun. Sie ist zum allergrößten Teil vorgegeben durch religiöse Überzeugungen, durch Zweifel und Ängste und nicht zuletzt durch Erfahrungen.

Krebs, Tod und Unsterblichkeit

Der Schriftsteller Kurt Tucholsky schrieb einmal, daß »jeder Mensch am Ende seines Lebens ein wenig länger leben möchte«, und fügte ironisch hinzu, »ein wenig meint hier ewig«. Tucholsky beging 1935 im Alter von 45 Jahren im schwedischen Exil Selbstmord, nachdem er bereits 1933 von den Nationalsozialisten ausgebürgert worden war. Wolfgang Amadeus Mozart ist unsterblich, obwohl er nur 35 Jahre alt geworden ist. Als Kardinal Richelieu einmal bemerkte, daß alle Menschen sterblich seien, warf ihm Ludwig XIV., der Sonnenkönig, einen Blick zu, worauf Richelieu einschränkte: »Nicht alle Menschen, Sire, nicht alle!«

Eine Besonderheit aller höherer Lebewesen ist die begrenzte Lebenszeit des einzelnen Individuums, denn Wachstum und Teilung der »normalen« Körperzellen unterliegen einer strikten Regulation. Ausnahme sind Tumor- oder Krebszellen, die aus »normalen« Zellen hervorgegangen sind, aber die Kontrolle über Wachstum und Zellteilung verloren haben. Die Fähigkeit jedoch, überall im Körper und immer wieder sich teilen und wachsen zu können, ewig zu leben, muß zum Tod des Organismus führen, in dem sie entstanden sind.

Das führt zu einem Paradoxon des höheren Lebens. Einerseits liegt dem normalen Wachstum der Zellen in einem Organismus ein überaus geordneter zeitlicher Ablauf zugrunde, der aber offenbar eine zeitliche Limitierung nach sich zieht und zum Tode führt. Andererseits transformieren normale Zellen zu Tumorzellen mit einem anormalen, ungeordneten Wachstum, das zwar keiner zeitlichen Limitierung mehr unterliegt, also für die Tumorzelle Unsterblichkeit bedeutet, aber zum

Absterben des Individuums führt; damit entzieht sich aber der Tumor gleichzeitig seine Wachstumsvoraussetzung. Gesund ist das dem Tod Geweihte; was ewig lebt, ist krank und führt seinen eigenen Tod herbei, durch die Tötung dessen, der ihm das wilde Wachstum ermöglicht. Tumorzellen sind normale Zellen, die vorübergehend eine Unsterblichkeit erlangt haben, die aber dennoch eine »Krankheit zum Tode« ist. Eine Tumorzelle ist eine normale Zelle mit einer Unsterblichkeit, die zum Tode führt.

Die zeitlich uneingeschränkte Teilungsfähigkeit einer Zelle, ihre Unsterblichkeit, ist also unmittelbar verbunden mit der Entstehung von Krebs. Die Unsterblichkeit ist selbstverständlich auch verbunden mit der Fähigkeit einer Zelle, in einen bestimmten Zelltyp, Herzmuskel oder Hirnzelle, zu differenzieren, die sich dann aber nicht mehr teilen kann und ihre Unsterblichkeit verliert. Wir sollten daher immer im Auge behalten, daß unsere Fähigkeit, einen immer größeren Grad an Differenziertheit und Kompliziertheit zu erreichen, im genbiologischen Sinne die Unsterblichkeit aufhebt. Eine trotzdem darüber hinausgehende Unsterblichkeit kann nur in einem epigenetischen ideellen Kontext, der nicht allein über unsere Gene definiert ist, erreicht werden.

Wir durchschauen inzwischen einige der Ereignisse im Genom der Zellen, die notwendig sind, um eine »normale« Zelle in eine Tumorzelle zu verwandeln. Das Auftreten von Krebs beim Menschen erfordert, daß sechs bis sieben genetisch »unerwünschte« Ereignisse in der DNS über eine Zeitspanne von 20 bis 40 Jahren eintreten müssen. Nur in äußerst seltenen Fällen wird die Anfälligkeit für Krebs nach den Mendelschen Regeln vererbt. Bei diesen Menschen ist dann ein einziges genetisches Ereignis ausreichend, um den Krebs zu erzeugen. Die Erkenntnisse der Genomforschung sollen auch dazu beitragen, diese Veränderungen im Gen aufzufinden, um sogenannte Risikogruppen eindeutiger definieren zu können. Es ist durchaus fraglich, ob das sichere Wissen um ein erhöhtes Krebsrisiko sich auf die noch verbleibende Lebenszeit positiver auswirkt als das nichtsahnende Unwissen.

Deshalb ist es tröstlich, daß die Erforschung der Krebsrisiken immer auch verbunden ist mit der von Therapieformen.

Vieles, wie radioaktive Strahlen und Zigarettenteer, ist krebserregend, weil es die Häufigkeit, mit der normale Zellen in Krebszellen verwandelt werden, erhöht. Die meisten krebserregenden Ereignisse wirken direkt auf das Genom der Zelle. Krebsgene, sogenannte Onkogene, wurden erstmals bei solchen Viren entdeckt, die anfällige Zellen in Krebszellen verwandeln können. Viele von diesen haben zelluläre Entsprechungen, identische DNS-Abschnitte, die in normale Zellfunktionen eingebunden sind. Gene, die den viralen Krebsgenen entsprechen, werden »Protoonkogene«, Vorkrebsgene, genannt. Eine Veränderung oder eine zufällige Aktivierung dieser Gene, z. B. durch eine Infektion mit einem Tumorvirus, führt zu einer Krebsbildung. Mehr als 100 Onkogene sind bisher beim Menschen entdeckt worden.

Neben dieser Art der Krebsauslösung gibt es eine andere, durch Verlust von Tumorunterdrücker-Proteinen. Diese zelleigenen Proteine werden durch entsprechende Gene in der DNS der Zelle kodiert. Bei erblichen Krebserkrankungen entwickeln sich die krankhaften Tumore, weil sie keine aktiven Tumorunterdrücker-Gene, Tumorsuppressor-Gene, und damit kein Tumorunterdrücker-Protein besitzen. Das bedeutendste Tumorsuppressor-Protein wird, nach seiner Molekülgröße, kurz »p 53« genannt. Die meisten der untersuchten menschlichen Tumore synthetisieren überhaupt kein »p 53« oder haben Mutationen im entsprechenden Genabschnitt. Krebs entsteht als Folge der Aktivierung der Onkogene oder der Inaktivierung der Suppressor-Gene.

Die zelleigenen Protoonkogene sind während der frühen Entwicklungsphase der Säugetiere lebenswichtig, da sie für das explosive tumorartige Wachstum des Embryos verantwortlich sind, ohne das die schnelle Entwicklung im Mutterleib gar nicht ablaufen könnte. Im Verlauf der weiteren Entwicklung müssen sie dann inaktiviert werden. Eine zufällige Aktivierung durch krebsauslösende Substanzen oder Tumorviren führt dann zu einem unerwünschten explosiven Wachstum, das nicht mehr gehemmt werden kann, zu Krebs.

Insgesamt ist also die Krebsentstehung das Ergebnis des Zusammenwirkens von mehreren Ereignissen. Die Notwendigkeit mehrerer Ereignisse macht deutlich, daß normale Zellen eine Vielzahl von Mechanismen besitzen, um Zellwachstum und Differenzierung zu regulieren. Nur eine größere Anzahl von verschiedenen Änderungen kann dann zu einer Umgehung dieser lebenswichtigen Kontrollmechanismen führen. Gene, in denen nur eine einzige Mutation Krebs auslösen kann, haben im Laufe der Evolution keine Überlebenschance gehabt. Onkogene und Tumorsuppressor-Gene definieren Genabschnitte, in denen Mutationen zu Krebs führt. Es ist eine noch ungelöste Frage, ob diese Gene allein für die Entstehung von Krebs verantwortlich zu machen sind.

Der Einfluß der Telomerasen auf die Anzahl der Zellteilungen ist von entscheidender Bedeutung. Die Telomerasen sorgen dafür, daß das Genom, und damit die Summe unserer genetischen Information, sich nicht bei jeder Zellteilung vermindert. Das Gen für die Telomerasen muß daher in jeder Körperzelle während der Phase der Differenzierung in eine Zelle mit einer bestimmten Funktion abgeschaltet werden. Die Unterdrückung des Telomerase-Gens bei der Differenzierung wird wieder aufgehoben, wenn die normale Zelle zur Tumorzelle geworden ist. Es ist noch nicht klar, ob die Aufhebung der Blockierung des Telomerase-Gens eine Ursache oder eine Folge von Ereignissen darstellt, die zur Krebsentstehung führen. Unsterblichkeit könnte so eine Reaktivierung des Telomerase-Gens sein, dessen Aktivität Leben verlängert oder zum Tode führt. Unsterblichkeit wird damit so oder so zu einer »Krankheit zum Tode«, wie Sören Kierkegaard es einmal genannt hat.

Bioinformatik: Gentechnologie mit Informationstechnologie

Große Mengen von DNS-Sequenzdaten sind bisher ermittelt worden, und mit der Akzeleration kommen täglich neue Sequenzen hinzu. Um die enorme Datenflut zu speichern, zu vergleichen und zu verteilen, sind Computer nötig geworden. Die Bioinformatik ist ein neuer Wissenschaftszweig, der die Daten von DNS-Basensequenzen und Protein-Aminosäuresequenzen analysiert und vergleicht. Wir sehen, auch der jüngste Zweig der Biologie greift zurück auf die lineare Anordnung von Monomeren (Basen und Aminosäuren), die die lebensnotwendigen Polymere (Nukleinsäuren und Proteine) aufbauen. Die wichtigsten Gen-Datenbanken sind GenBank am National Institute of Health (NIH) in Bethesda, Maryland, und die europäische Sequence Data Base am Europäischen Molekularbiologischen Laboratorium in Heidelberg. Diese Datenbanken tauschen kontinuierlich neue Sequenzen aus und machen sie weltweit über das Internet zugänglich. Neue Sequenzen können auf diese Weise mit bekannten verglichen werden, um Ähnlichkeiten und Verwandtschaften von Struktur und Funktion der Lebensmoleküle zu erkennen. Protein kodierende Basensequenzen im Genom können mit Hilfe des Triplet-Codes schnell in Aminosäuresequenzen übersetzt werden, um funktionelle Ähnlichkeiten oder Unterschiede herauszuarbeiten. Wegen der Besonderheit des genetischen Codes – mehrere Triplets können eine Aminosäure codieren – weisen verwandte Proteine häufig mehr Ähnlichkeiten auf als die Gensequenzen, die für ihre Kodierung verantwortlich sind.

Um Erkenntnisse gewinnen zu können, muß der Biokosmos in einer allgemein verstehbaren Computersprache global vernetzt werden. Wir holen damit nach, was uns die biologische Evolution seit Milliarden von Jahren vorgemacht hat: die Vernetzung mittels eines einzigen Codes. Bisher waren wir der Natur, die mit 4 unterschiedlichen Buchstaben den gesamten Biokosmos verschlüsselt, unterlegen, denn unsere Schriftsprache benötigte zur Verschlüsselung unseres kulturellen Erbguts immerhin 26 Buchstaben. Manche Sprachen, wie die chinesische, sind sogar mit einer weit größeren Anzahl von Symbolen kodiert. Mit dem Computer benötigen wir nur noch 2 Buchstaben, Stromkreis geschlossen – Stromkreis offen, und die Verknüpfung dieser Buchstaben verläuft noch schneller als die Verknüpfung der Basenbuchstaben durch die DNS-Polymerase. Diese verknüpft einige tausend Basenbuchstaben pro Sekunde. Die Silicium-Chips in den Computern, die mit Lichtgeschwindigkeit arbeiten, verknüpfen Milliarden von Bit-Buchstaben in jeder Sekunde.

Mit Hilfe der Computervernetzung und Verknüpfung entsteht ein globales Biotechnologie- und Bioinformatiklabor. Wir werden genau herausfinden, welche Gengruppierung zu welcher Zeit in welchen Zellen bestimmte Reaktionen auslöst, die beispielsweise einen Tumor entstehen lassen können. Wir werden auch herausfinden, welche Medikamente zu welchem Zeitpunkt für welche Krankheit bei einem Menschen optimal sind.

Genmanipulation, Klonierung und Sequenzierung des Genoms bedienen sich ausschließlich in der Natur auch sonst vorkommender Enzyme. Die Natur liefert, wenn man so will, dem Intellekt des Menschen die Werkzeuge, mit denen er wiederum die Natur entschlüsseln und erklären kann. Ob er damit auch das Geheimnis eben dieses Intellektes ergründen wird, um zu einer neuen Sicht des Menschen zu kommen, ist ungewiß.

Der gläserne Mensch als genetischer Fingerabdruck

In den letzten Jahrzehnten sind die biologische Forschung und ihre Ergebnisse in der Gesellschaft heftig und kontrovers diskutiert worden. In der Geschichte der Wissenschaften ist das kein neues Phänomen. Die naturwissenschaftlichen Revolutionen oder, wie es der Wissenschaftshistoriker Thomas Kuhn genannt hat: die naturwissenschaftlichen Paradigmenwechsel, sind ein Zeichen der beginnenden Neuzeit. So hatte beispielsweise Giordano Bruno, als erster Philosoph der Neuzeit, behauptet, das milchige Band an unserem Nachthimmel bestehe aus vielen tausend Sternen. Eine Behauptung, die inzwischen zur Binsenweisheit geworden ist, für die Bruno jedoch im Februar 1600 in Rom auf den Scheiterhaufen kam. Auch der Streit um das Weltbild des Kopernikus und Galileo Galileis Inquisitionsprozeß gehören in die Reihe dieser naturwissenschaftlich-religiösen Paradigmenwechsel.

Mit Darwins Werken beginnen in der Mitte des 19. Jahrhunderts die philosophisch-religiösen Auseinandersetzungen um biologische Forschungsergebnisse. Nach dem Zweiten Weltkrieg kam es zu heftigen Kontroversen über die Forschung in der Atomphysik, ausgelöst durch den Atombombenabwurf auf Hiroshima und Nagasaki. Es gab keine gesellschaftlichen Einwände gegen die Anwendung der Atomenergie für friedliche Zwecke, allerdings wurde sie für militärische Zwecke strikt abgelehnt. Einige Jahre später wurde auch die Anwendung für friedliche Zwecke von großen gesellschaftlichen Gruppierungen abgelehnt.

Seit den 80er Jahren des 20. Jahrhunderts hat die Molekularbiologie mit den Möglichkeiten einer Manipulation des menschlichen Erbguts die Rolle der Atomphysik übernommen. Die Möglichkeit gentechnologischer Veränderung und der Gefährdung des Biokosmos beunruhigt einen großen Teil der Gesellschaft. In jüngster Zeit ist die emotional sehr aufgeladene Diskussion um die embryonalen Stammzellen des Menschen hinzugekommen. Die Geschichte der Genentschlüsselung macht die Bedeutung der Forschung an embryonalen Stammzellen evident. Ein »taufrisches« Genom mit einer Omnipotenz, die es in seiner Entwicklung nie mehr erreichen wird, birgt naturgemäß schier unerschöpfliche Möglichkeiten: für die grundsätzlichen wissenschaftlichen Erkenntnisse ebenso wie für die therapeutischen Fähigkeiten.

Es ist daher schwer, in der Auseinandersetzung um das Für und Wider von Experimenten mit embryonalen Stammzellen oder »rekombinanter DNS«, also Kombinationen von Erbmaterial verschiedener Spezies, beispielsweise Mensch und Maus, Stellung zu beziehen. Aus kritischer Gesamteinsicht gibt es keinen plausiblen wissenschaftlichen Grund, die Forschung auf diesem Gebiet einzustellen. Es wäre verantwortungslos gewesen, auf diesem Gebiet nicht weiter zu forschen, wie es vor Jahren gefordert wurde.

Im Rückblick erweist sich jedenfalls die Entscheidung, auf dem eingeschlagenen Weg weiterzugehen, als richtig. Die gesamte Krebsforschung, ja, unser Wissen über die genetischen Grundlagen des Immunsystems überhaupt wären in wissenschaftliches Mittelalter zurückgeworfen worden ohne die »Aufklärung« durch die Erkenntnisse der Forschung mit rekombinanter DNS.

Wenn die gesellschaftliche Meinung, die vor 20 Jahren eine sofortige Einstellung jeglicher Genmanipulation forderte, sich durchgesetzt hätte, wäre die Konsequenz beispielsweise gewesen, daß Millionen von Menschen mit einer insulinpflichtigen Blutzuckererkrankung nicht auf gentechnisch hergestelltes menschliches Insulin zurückgreifen könnten. Sie wären, um dem Tod zu entgehen, gezwungen, das von den Schlachthöfen in großer Menge bereitgestellte Rinderinsulin zu spritzen. Was immer man von der BSE-Seuche halten mag – eine kaum zumutbare Forderung.

Es gibt jedoch gesellschaftspolitische, ethische und theologische Gründe, die berücksichtigt werden müssen. Diese Diskussion führt zurück zu Nietzsches Behauptung »Gott ist tot«, die sie umdeutet in die Frage: Wenn Gott tot ist, was ist dann die Verantwortung des Menschen? Die Naturwissenschaften scheinen das geistige Vakuum zu füllen, das die moderne »gottlose« Gesellschaft geschaffen hat.

Als in den USA politische Gruppen unwissenschaftliche und »unehrenhafte« Äußerungen über die Gentechnik hatten laut werden lassen, äußerte Luria auf die Frage Watsons, warum er das niemals öffentlich kritisiert habe: »Politik ist wichtiger als Wissenschaft.« Zunächst handelt es sich jedoch bei der Entschlüsselung des menschlichen Genoms nicht »um gut oder böse«, wie Francis Collins vom National Institut of Health (NIH) in Washington erklärte, der Nachfolger von James Watson als Leiter des HUGO-Projektes.

Forschung, und ganz besonders naturwissenschaftliche Forschung, ist immer mit Wissen, Macht und Besitz verbunden. Es ist die Ambivalenz von Wissen und Macht, auf die die forschende, auf die Segnungen der Technik immer wieder zurückgreifende Menschheit sich eingelassen hat. Im Zusammenhang mit der Gentechnik wird der gesunde Mensch sagen, sie sei der Pakt mit dem Teufel, denn die Folgen seien unabsehbar; derjenige, der sich durch sie Heilung verspricht, wird dem entgegenhalten, die Folgen seien eben dies: die Heilung. Das Ziel ist immer noch dasselbe: den letzten Schritt zu tun, den Tod zu überwinden. Den Anspruch auf absolute Gültigkeit und Wahrheit kann es nicht geben. Der setzte nämlich voraus, daß wir wüßten, worin die Bestimmung des Menschen liegt – oder: daß es diese Bestimmung überhaupt gibt.

Die letzten Ergebnisse der Gentechnologie, die ja, wie wir gesehen haben, auch ein Kind der Quantenphysik ist, haben uns in einem Sinne ärmer und in einem anderen Sinne reicher gemacht. Sie haben beweisen können, daß der Mensch weniger Gene besitzt als angenommen, daß er aber auch mehr ist als die Summe seiner Erbanlagen. Damit haben wir die Freiheit wiedergewonnen, von der wir glaubten, daß sie uns durch die Gentechnik genommen würde. Aber wir können auch das gewinnen, wozu die Wissenschaft seit ihren allerersten Anfängen immer wieder dienen wollte: nämlich das Leben des Menschen länger und angenehmer zu gestalten. Soweit ich die wissenschaftliche Forschung überblicke, einzelne Wissenschaftler und die Wissenschaftsgeschichte, hat es in der biologischen Forschung niemals einen Frankenstein gegeben, der dem Menschen bewußt Böses zufügen wollte. Auch der Wissenschaftler ist immer Teil von jener Kraft, die stets das Gute will, oft jedoch das Böse schafft. Die Menschheit hat ihre Unschuld am Tor des Paradieses eingetauscht gegen Wissen und Macht.

Ethikkommissionen, strenge Kontrollmechanismen und gesellschaftlicher Konsens sind daher unerläßliche Vorbedingungen, ebenso eine breite Kenntnis der Fakten, ihres Nutzens und ihrer Gefahren. Damit sind wir wieder bei der Willens- und Entscheidungsfreiheit angekommen, die wir gefährdet glaubten. Wir sind aber auch bei den Segnungen, den Gefahren und Problemen angekommen. Wir sind unseren genetischen Anlagen nicht ausgeliefert, das wissen wir nun. Das erweiterte Wissen über unser gesamtes Genom läßt uns wieder allein mit unseren existentiellen Entscheidungen und Ängsten. Das Spiel ist wieder offen.

Erläuterungen zu den Abbildungen und Formeln

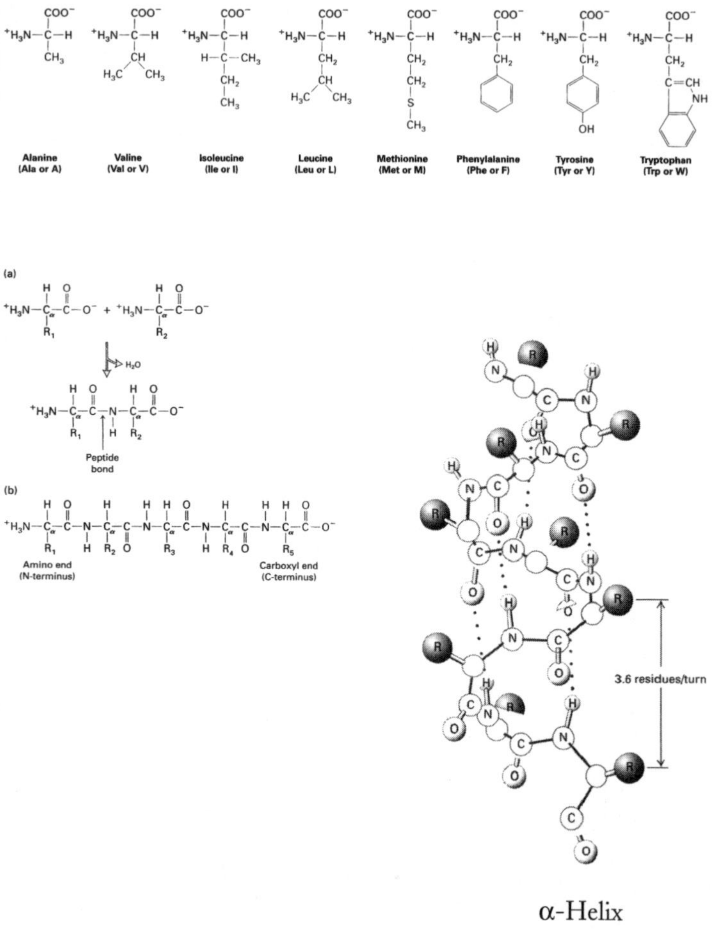

Alanine (Ala or A)　Valine (Val or V)　Isoleucine (Ile or I)　Leucine (Leu or L)　Methionine (Met or M)　Phenylalanine (Phe or F)　Tyrosine (Tyr or Y)　Tryptophan (Trp or W)

(a)

Peptide bond

(b)

Amino end (N-terminus)　　　Carboxyl end (C-terminus)

3.6 residues/turn

α-Helix

Abb. 1

Abbildung 1 zeigt schematisch eine Auswahl der 20 Aminosäuren, das Prinzip der Verknüpfung über die Peptidbindung und das Schema eines typischen Proteinmoleküls. Im oberen Teil sind einige Aminosäuren von Alanin bis Tryptophan von links nach rechts mit ihren chemischen Formeln dargestellt. Man erkennt deutlich die Gemeinsamkeiten: nämlich ganz oben am $C\alpha$-Atom (Alpha-C-Atom) die Säuregruppe COO^-; in der zweiten Zeile ebenfalls am $C\alpha$-Atom die Aminogruppe ^+H_3N. Darunter sind dann die unterschiedlichen Seitengruppen, die gleichfalls mit dem $C\alpha$-Atom chemisch verbunden sind, erkennbar. Diese teilweise erheblich voneinander abweichenden Seitengruppen werden auch als Reste bezeichnet und mit R abgekürzt. Im mittleren Teil links werden dann zwei unterschiedliche Aminosäuren, erkenntlich an den unterschiedlichen Resten, abgekürzt R_1 und R_2, über eine sogenannte Peptidbindung miteinander verbunden. Dabei wird immer die Amino- mit der Säuregruppe unter Wasseraustritt (H_2O) verbunden. Ein Dipeptid (zwei Aminosäuren über eine Peptidbindung verknüpft) ist entstanden. Führt man diesen Vorgang mit vielen Aminosäuren fort, so erhält man ein Polypeptid, untere Zeile links (viele Aminosäuren über eine Peptidbindung miteinander verknüpft). Protein, Eiweiß und Polypeptid sind synonyme Begriffe: Es sind Polymere, die sich aus Monomeren (Aminosäuren) zusammensetzen. Man ist übereingekommen, die freie Aminogruppe links als Amino- oder auch N-terminales Ende, die freie Säuregruppe rechts als Carboxy- oder C-terminales Ende zu bezeichnen. Durch die von der Quantenmechanik vorgeschriebenen chemischen Wechselwirkungen der freien Reste der Aminosäuren untereinander entstehen nun, allein durch die lineare Reihenfolge der unterschiedlichen Aminosäuren vorgegeben, räumliche Strukturen mit jetzt ganz neuen Funktionen. Unten rechts ist eine solche räumliche Struktur, die sogenannte α-Helix, schematisch dargestellt.

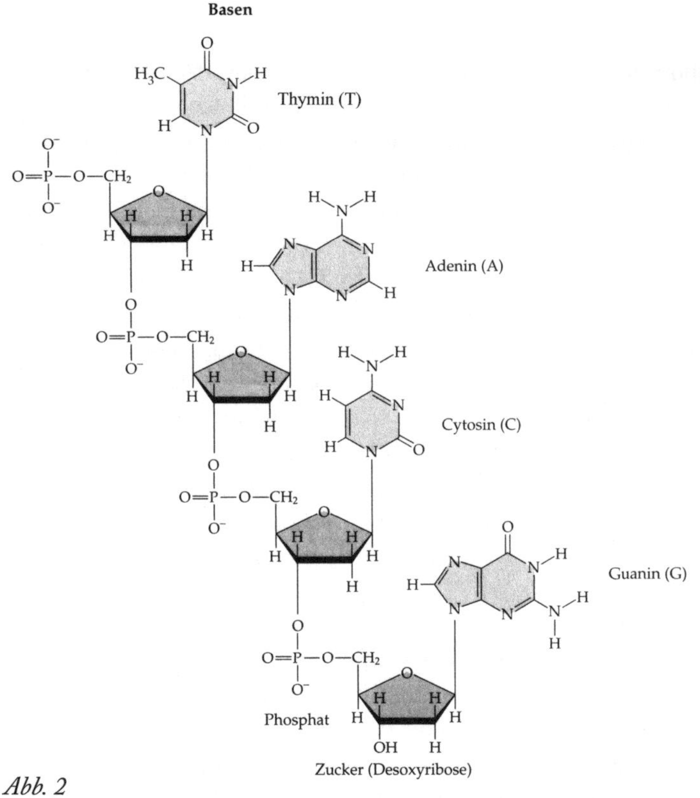

Basen

Thymin (T)

Adenin (A)

Cytosin (C)

Guanin (G)

Phosphat

Abb. 2

Zucker (Desoxyribose)

Abbildung 2: Die Desoxyribonukleinsäure (DNS) aller untersuchten Arten besteht aus einem besonderen Zucker mit 5 Kohlenstoffatomen (C), der Desoxyribose, bei dem als Besonderheit am zweiten C-Atom ein Sauerstoffatom (O) fehlt, daher »Desoxyribose«. Der bekannte Traubenzucker, die Glucose, beispielsweise ist ein Zucker, der aus 6 C-Atomen besteht, bei dem aber am zweiten C-Atom das Sauerstoffatom erhalten ist. Dieser Zucker spielt zwar im Stoffwechsel eine eminente Rolle, ist aber in den Nukleinsäuren nicht vorhanden. Als weitere Bestandteile finden sich in der DNS 4 etwas komplizierter gebaute stickstoffhaltige Moleküle, die von den Chemikern als Basen bezeichnet werden. Sie sind mit dem ersten C-Atom der Desoxyribose chemisch fest (kovalent) gebunden. Die zwei kleineren Basen Cytosin (C) und Thymin (T) bestehen aus einem einfachen Ring, die zwei größeren Adenin (A) und Guanin (G) aus einem zweifachen Ring. An das fünfte C-Atom des Zuckers ist immer eine Phosphorsäure (P) gebunden. Diese Grundbausteine jeder DNS werden als Nukleotide bezeichnet.

Um eine allgemeine Konfusion zu vermeiden, legt man bei der Reihenfolge der Nukleotide der DNS ebenso wie bei der Reihenfolge der Aminosäuren bei den Polypeptiden folgendes fest: Jeder DNS-Strang beginnt am sogenannten 5´(lies: 5 Strich)-Ende mit der freien Phosphorsäure, er endet mit der freien OH-Gruppe: das sogenannte 3´-Ende. Jede Nukleinsäure beginnt also am linken Ende mit der freien Phosphatgruppe P und endet am rechten Ende mit der freien Hydroxylgruppe OH.

Abbildung 2 gibt das lineare chemische Bild eines kleinen DNS-Abschnitts wieder, wie es die organischen Chemiker etwa um 1950 erarbeitet hatten. Organische Chemiker befaßten sich damals lediglich mit den Bindungen zwischen den Atomen und überließen den röntgenden Kristallographen das Problem der räumlichen Anordnung der Atome. Beginnen wir ganz unten mit dem Zucker, der Desoxyribose. Das C´1-Kohlenstoff-Atom befindet sich ganz rechts am Molekül, es stellt die chemische Bindung mit der rechts darüber befindlichen Base her, in diesem Fall Guanin G. Für die C´1-Atome der übrigen Zucker gilt dies in gleicher Weise, beim zweiten Zucker ist es das Cytosin C, das mit dem C´1-Atom chemisch gebunden ist, beim dritten A und beim vierten schließlich T. Am Zuckermolekül folgt jetzt im Uhrzeigersinn das C´2-Atom, bei dem der Sauerstoff O, der sich am folgenden C´3-Atom befindet, fehlt, daher »Desoxyribose«. Das untere Zuckermolekül ist mit dem nächstfolgenden über die Phosphorsäuregruppe P verbunden. Und zwar verbindet die Phosphorsäuregruppe

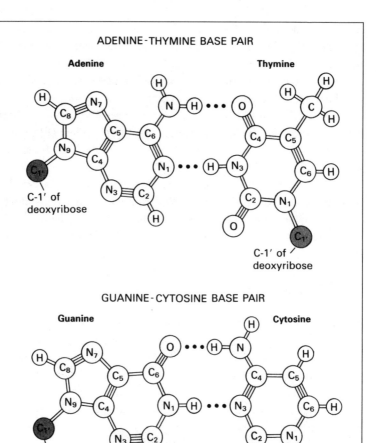

Abb. 3

immer das C´5-Atom mit dem nächsten C´3-Atom. Eine Verbindung von zwei Molekülen über ein Sauerstoffatom O nennt man einen Ester; da es sich hier um zwei solcher Bindungen handelt, bezeichnet man das chemisch als Phosphorsäure-di-ester. Alles eigentlich ganz einfach und logisch. Da alle Zucker eines DNS-Stranges über einen solchen Phosphorsäurediester verbunden sind, wird die Sequenz Zucker-Phosphat-Zucker-Phosphat usw. als Zucker-Phosphat-Rückgrat bezeichnet. An diesem Rückgrat sind, wie beschrieben, die einzelnen Basen am C´1-Atom befestigt. Das kurze DNS-Stück beginnt also links oben mit einer freien Phosphorsäure P, die mit dem C´5-Atom der Desoxyribose verestert ist. Dieses Ende wird daher verkürzt als 5´-Ende der DNS bezeichnet. Unten rechts endet das DNS-Stück mit der freien OH-Gruppe am C´3-Atom, es wird daher als 3´-Ende bezeichnet. Vereinbarungsgemäß wird jede DNS-Sequenz vom 5´P-(Phosphat)-Ende zum 3´OH-(Hydroxyl)-Ende notiert, wobei auf die Darstellung des ohnehin immer gleichen Zucker-Phosphat-Rückgrats verzichtet wird. Das dargestellte DNS-Stück würde also verkürzt wie folgt notiert werden können: 5´P-Thymin-Adenin-Cytosin-Guanin-OH3´ oder noch einfacher T-A-C-G. Diese Vereinbarung gilt selbstverständlich auch für die Ribonukleinsäuren.

Abbildung 3 zeigt oben die Ausbildung der zwei Wasserstoffbrücken zwischen Adenin und Thymin, die auch als Basenpaarbildung oder, kurz: Basenpaare bezeichnet wird. Darunter die neue Erkenntnis von Watson und Crick, daß auch zwischen Guanin und Cytosin eine solche Basenpaarung über drei Wasserstoffbrücken existiert. Es ist schon darauf hingewiesen worden, daß Adenin und Guanin aus einem größeren Doppelringsystem aufgebaut sind, Thymin und Cytosin dagegen aus einem kleineren Einfachring. Es stehen sich bei der Basenpaarung also immer eine größere und eine kleinere Base gegenüber. In der Natur scheint sich auch auf der Ebene der Moleküle Ungleiches eher mit Ungleichem zu paaren.

Restriktionsenzymspaltung

Betrachten wir zur Verdeutlichung den DNS-Doppelstrang einer Maus in Großbuchstaben und den eines Menschen in Kleinbuchstaben an einer derartigen Restriktionsstelle. Erkennungssequenz GAATTC, Enzym schneidet nach dem 5´G.

DNS-Doppelstrang

Maus	Mensch
5´... G A A T T C ... 3´	5´... g a a t t c ... 3´
3´... C T T A A G ... 5´	3´... c t t a a g ... 5´

Jetzt schneidet man beide DNS Doppelstränge mit EcoRI:

5´... G ⎡A A T T⎤C ... 3´   5´... g ⎡a a t t⎤c ... 3´
3´... C⎣T T A A⎦   G ... 5´   3´... c⎣t t a a⎦   g ... 5´,

dann läßt man das Gemisch aus Maus- und Mensch-DNS zusammen reagieren. Nach den Regeln der komplementären Basen können selbstverständlich auch die »klebrigen« Enden von Maus und Mensch jetzt eine Basenpaarung eingehen. Wir erhalten zwei rekombinante DNS-Doppelstränge von Maus und Mensch mit den typischen »klebrigen« Enden, die mit Kästchen markiert sind:

↓
a) 5´a g c t c a c t a a t g A A T T C A T T C G A C G T 3´
   3´t c g a g t g a t t a c t t a a G T A A G C T G C A5´
↑

↓
b) 5´... G a a t t c ... 3´
   3´... C T T A A g ...5´
↑

Nun muß man nur noch die Schnittstelle (senkrechte kleine Pfeile) am Übergang von g zu A in der ersten und die von a zu G mit einer Ligase verknüpfen, und die genmanipulierte Hybrid-DNS aus Mensch und Maus ist entstanden.

Damit ist eine Maus-DNS mit der eines Menschen kombiniert worden; daher kommt der etwas mißverständliche Ausdruck »rekombinante DNS«. Denn eigentlich wird hier ja nicht etwas rekombiniert, sondern ganz im Gegenteil erstmals neu kombiniert. Die palindromische Erkennungssequenz GAATTC für das EcoRI-Enzym wird wiederhergestellt, so daß mit dem gleichen Enzym das Genstück später wieder herausgeschnitten werden kann.

Überlappende Sequenzen

»Um ein anschauliches Beispiel für eine überlappende Gensequenz zu geben, nehmen wir diesen soeben ausgeführten Satz der menschlichen Buchstabenschrift.«

Unser Restriktionsenzym RI hat die Restriktionsstelle B, zerschneidet also die Buchstabensequenz nach jedem großen »B«, dann erhalten wir die Bruchstücke:

»Um ein anschauliches B   eispiel für eine überlappende Gensequenz zu geben, nehmen wir diesen soeben ausgeführten Satz der menschlichen B   uchstabenschrift.«

Wir erhalten in unserem Fragmentgemisch also drei Bruchstücke (Restriktionsfragmente), die natürlich keineswegs in der richtigen Reihenfolge vorliegen:

»uchstabenschrift (RI/1)   *eispiel für eine* überlappende Gensequenz zu geben, nehmen wir diesen soeben ausgeführten Satz der menschlichen B (RI/2)   Um ein anschauliches B« (RI3)

Jetzt zerschneiden wir mit einem Restriktionsenzym RII, das nach jedem kleinen »b« schneidet:

»Um ein anschauliches B*eispiel für eine üb* (RII/1)   erlappende Gensequenz zu geb (RII/2) en, nehmen wir diesen soeb (RII/3) en ausgeführten Satz der menschlichen Buchstab (RII/4) enschrift.« (RII/4)

Wir haben in diesem Fragmentgemisch jetzt fünf Bruchstücke, deren Reihenfolge wir selbstverständlich auch nicht kennen:

»enschrift (RII/1)   en ausgeführten Satz der menschlichen Buchstab (RII/2)   erlappende Gensequenz zu geb (RII/3)   en, nehmen wir diesen soeb (RII/4)   Um ein anschauliches Beispiel für eine üb« (RII/5)

Wir sehen aber deutlich, daß es beispielsweise eine Überlappung zwischen Genstück RI/2 und RII/5 gibt, nämlich kursiv:

»*eispiel für eine üb*«.

Durch zusammenfügen erhalten wir:

»Um ein anschauliches B*eispiel für eine üb*erlappende Gensequenz zu geben, nehmen wir diesen soeben ausgeführten Satz der menschlichen B«

Damit haben wir zumindest den Anfang der Geninformation entschlüsselt.

Genetischer Fingerprint

Zerschneiden wir zunächst mit dem bekannten Restriktionsenzym EcoRI, Erkennungssequenz 5'GAATTC3', Schnitt nach dem 5'G, die am Opfer gefundene DNS und die DNS des vermutlichen Täters: DNS-Restriktionsfragmente des Opfers, obere Zeile, des Täter untere Zeile:

5'AATTCCTAGCCCTAGCCCTAGCCG3'5'AATTCCTAGCCCTAGCCCTAGCCCTAGC
5'AATTCCTAGCCCTAGCCCTAGCCG3'5'AATTCCTAGCCCTAGCCCTAGCCCTAGC

Man erkennt die kurze, tandemartig angeordnete identische Sequenz CTAGCC und die Schnittstelle des Enzyms nach dem 5'G.
DNS von Opfer und Täter stimmen überein.
Zur Verdeutlichung das gleiche Beispiel mit unterschiedlichen Restriktionsstellen:

5'AATTCCTAGCCCTAGCCCTAGCCG3'5'AATTCCTAGCCCTAGCCCTAGCCCTAGC
5'AATTCCTAGCCCTAGCCCTAGCCG3'AATTCCTAGCCCTAGCCG3'AATTCCTAGCCCTAGC

Der untere DNS-Abschnitt weist eine Erkennungssequenz mehr auf, was zu einem zusätzlichen Genfragment führt. Die beiden DNS-Stükke sind unterschiedlich. Die DNS am Opfer kann also nicht vom vermutlichen Täter stammen.

Abbildung 8

Ansatz A	B	C	D
+Didesoxy C*	+DidesoxyT*	+DidesoxyA*	+DidesoxyG*

```
-    C-T-T-A-A-G-C*(7)
                                              C-T-T-A-A-G*(6)
                               C-T-T-A-A*(5)
                               C-T-T-A*(4)
                  C-T-T*(3)
                  C-T*(2)
+    C*(1)
```

Abbildung 8 gibt schematisch die Sangersche Sequenzierungsmethode mittels der Didesoxynukleotide wieder. Jeder separate Reaktionsansatz enthält eine niedrige Konzentration eines der vier Didesoxynukleotide (ddNTP) und eine 100fach höhere Konzentration der natürlichen Desoxynukleotide (dNTP). Die Mischung der abgebrochenen Reaktionsfragmente in jedem der vier Reaktionsgemische wird jetzt parallel in einem hochauflösenden Gel getrennt.

Das am weitesten nach unten gewanderte Fragment muß das kürzeste sein, jedes nächstfolgende Fragment muß um ein Didesoxyribosenukleotid länger sein. Wenn wir uns an das Kapitel »Das Protein-Paradigma im Küchenmixer« erinnern, können wir vermuten, daß die DNS-Bruchstücke natürlich mit radioaktivem Phosphor (^{32}P) markiert sind.

Die durch die Phosphorsäuren negativ geladenen Bruchstücke wandern zum positiven Pol am unteren Ende. Zur Verdeutlichung sind die künstlichen Didesoxynukleotide mit einem Stern* gekennzeichnet. Nehmen wir an, das unbekannte DNS-Fragment habe die hypothetische Sequenz: ...G-A-A-T-T-C-G... Wie man sofort sieht, ist es ein DNS-Fragment, das mit dem uns bekannten Restriktionsenzym EcoRI erhalten wurde, denn seine Restriktionsschnittstelle hat ja die Sequenz GAATTC. Betrachten wir zunächst den Ansatz A mit der geringen Konzentration von Didesoxycytidinnukleotid ddC oder nach unserer Kennzeichnung C*. Wenn zufällig ein C* anstelle des normalen C eingebaut wird, kann die Polymerase den komplementären Strang nicht verlängern und bricht die Synthese an dieser Stelle ab. An den vielen anderen identischen Strängen geht die Synthese natürlich weiter, weil viel häufiger ein natürliches C eingebaut wird als ein C*, da ja das normale C 100mal häufiger vorhanden ist. Für die anderen drei Basen gilt natürlich dieselbe Überlegung. In Ansatz A erhält man also zwei radioaktiv markierte, komplementäre Bruchstücke: Primer...C*(1) und Primer...C-T-T-A-A-G-C*(7). Mit anderen Worten: Wir erhalten das kürzeste und das längste Fragment. In Ansatz B erhalten wir die Bruchstücke: Primer...C-T*(2) und Primer...C-T-T*(3), das zweitkürzeste und das drittkürzeste Bruchstück, usw. Zwischen den beiden durchgezogenen Linien befindet sich das Polyakrylamid-Gel, auf das die unterschiedlichen Reaktionsansätze am oberen Rand parallel aufgetragen werden. Eine elektrische Spannung zwischen dem Minuspol links oben und dem Pluspol links unten läßt jetzt die negativ geladenen DNS-Fragmente im elektrischen Spannungsfeld wandern. Das kürzeste Stück wandert natürlich am weitesten nach unten, das längste legt natürlich die kürzeste Strecke zurück. In Ansatz A mit Didesoxy C* finden wir das kürzeste C*-Fragment am weitesten nach unten zum Pluspol gewandert (1) und das längste C*-Fragment C-T-T-A-A-G-C* am wenigsten weit gewandert (7). Das zweitkürzeste und das drittkürzeste Fragment werden natürlich die zweitweiteste C-T*(2)- bzw. drittweiteste C-T-T*(3)-Strecke zurücklegen usw.

Von unten beginnend kann man jetzt die Reihenfolge der Didesoxyfragmente oder, wie man allgemeiner sagt, die Basensequenz der Nukleotide bestimmen. Die komplementäre Sequenz ist also:

(1) C*; (2) T*; (3) T*; (4) A*; (5) A*; (6) G*; (7) C*, einfacher:
C*-T*-T*-A*-A*-G*-C*, da es sich um die komplementäre Sequenz
handelt, ist die gesuchte G – A – A – T – T – C – G

Unbekanntes EcoRI-Restriktionsfragment: Primer... G-A-A-T-T-C-G
komplementärer Strang in Ansatz A (C*):   C*
zweiter komplementärer Strang in Ansatz A (C*): C-T-T-A-A-G-C*
komplementärer Strang in Ansatz B (T*)   C-T*
zweiter komplementärer Strang in Ansatz B (T*)   C-T-T*
komplementärer Strang in Ansatz C (A*)   C-T-T-A*
zweiter komplementärer Strang in Ansatz C (A*)   C-T-T-A-A*
komplementärer Strang in Ansatz D (G*)   C-T-T-A-A-G*

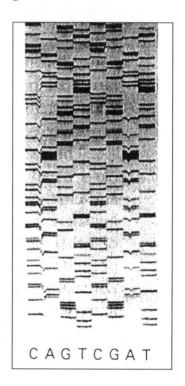

Abb. 9   C A G T C G A T

Abbildung 9

Im hochauflösenden Polyacrylamid-Gel sieht man selbstverständlich nicht die »Basenbuchstaben«, sondern die durch die radioaktive Markierung (Strahlung) hervorgerufene Schwärzung des über das Gel gelegten Röntgenfilms. Die Bruchstücke sind der Länge nach, wie im vorigen Beispiel, von oben (-Pol) nach unten (+Pol) gewandert. Der untere Rand zeigt die vier unterschiedlichen Ansätze, zum besseren Vergleich doppelt ausgeführt.

Beginnen wir also mit der Sequenzierung: Am weitesten gewandert ist ganz eindeutig das T*, darüber folgt dann ein weiteres T*, dann ein G*, darauf ein C* usw. Die komplementäre Basensequenz läßt sich wie folgt ablesen:

T*T*G*C*T*G*G*G*C*A*T*A*C*C*G*G*T*C*T*... usw.

Die Originalsequenz kann jetzt nach Maßgabe der komplementären Basen ableitet werden:

A A C G A usw.

Nach Bestimmung der Basensequenz mehrerer solcher DNS-Restriktionsfragmente können jetzt mittels überlappender Restriktionsfragmente, die mit Restriktionsenzymen, die unterschiedliche Restriktionsschnittstellen haben, gewonnen wurden, längere DNS-Abschnitte sequenziert werden. Weiter oben wurde an einem Beispiel die Technik der Reihenfolge der Genbruchstücke mittels überlappender Fragmente genauer beschrieben.

Anhang

Chronologie der Entschlüsselung

1900
Juni
Der Österreicher Erich von Tschermak, der Holländer Hugo de Vries und der Deutsche Carl Correns bestätigen die von Gregor Johann Mendel 1864 erstmals beschriebenen Vererbungsgesetze.

Dezember
Max Planck findet das Gesetz der schwarzen Hohlraumstrahlung und spricht erstmals von dem später nach ihm benannten Wirkungsquantum h. Das Wirkungsquantum stellt sich im weiteren Verlauf als eine fundamentale Naturkonstante dar, die maßgeblich dem Aufbau der toten und lebendigen Materie zugrunde liegt.

1902
Der englische Biologe William Bateson zeigt, daß die Mendelschen Gesetze der Vererbung auch bei Tieren gelten.

1904
Der Mediziner und Zoologe Theodor Boveri kann erstmals zeigen, daß die Chromosomen Träger der Erbinformation sind.

1906
Bateson schlägt erstmals den Begriff »Genetik« auf einem Kongreß in London vor.

1909
Der dänische Botaniker Wilhelm Johannsen ersetzt den Mendelschen Begriff »Erbfaktor« durch »Gen«.

1910

Thomas Hunt Morgan beweist: Die Gene liegen auf den Chromosomen.

1919

Morgan und seine Arbeitsgruppe schließen die Entwicklung von der Chromosomentheorie zur Gentheorie ab. Die Gene sind auf den Chromosomen linear angeordnet.

1922

Die Genkartierung der vier Chromosomen von *Drosophila* durch Morgan und seine Kollegen beinhaltet eine umfassende Analyse der relativen Positionen von über 2000 Genen.

1923

Der theoretische Physiker Max Born führt den Ausdruck »Quantenmechanik« ein.

1927

Hermann Joseph Muller veröffentlicht seine Ergebnisse zur künstlichen Erzeugung von Mutationen bei *Drosophila* durch Röntgenstrahlen. Mutationen sind physikalische Veränderungen der Gene.

1928

Der englische Arzt und Bakteriologe Frederick Griffith vermutet erstmals, daß die Nukleinsäuren das genetisch transformierende Prinzip bei Bakterien sind.

1931

Rekombinante DNS entsteht natürlicherweise durch »Crossing over«.

1935

Nikolaj Timoféef-Ressovsky, Karl Zimmer und Max Delbrück veröffentlichen in den *Nachrichten der Gesellschaft für Wissenschaften zu Göttingen* die grundlegende Arbeit »Über die Natur der Genmutation und der Genstruktur«, die Erwin Schrödinger zu seinem Buch *Was ist Leben?* anregt. Grundlage ihrer Überlegungen sind die Arbeiten Mullers über Mutationen durch Röntgenstrahlen.

1939

Linus Pauling veröffentlicht sein Buch *Die Natur der chemischen Bindung*, in dem er die Ergebnisse der Quantenmechanik auf die chemischen Bindungen anwendet.

1941

George Wells Beadle und Edward Lawrie Tatum begründen die »Ein-Gen-ein-Enzym-Hypothese«.

1943

Einführung der Bakteriophagen in die genetische Forschung.

1944

Erwin Schrödingers Buch *Was ist Leben?*, das Crick und Watson anregt, sich mit dem Phänomen des Lebens zu beschäftigen, erscheint.

Avery, MacLeod und McCarty finden bei Transfektionsuntersuchungen mit virulenten und avirulenten Pneumokokken starke Hinweise auf die DNS als Träger der genetischen Information.

1951

Linus Pauling veröffentlicht das α-Helix-Modell der Proteine, die erste exakte Struktur eines biologischen Makromoleküls.

Der englische Biochemiker Frederick Sanger veröffentlicht die erste vollständige Aminosäuresequenz (Primärstruktur) des Insulins, eines Proteins mit 51 Aminosäuren. 1. Nobelpreis 1958.

Der Biochemiker Erwin Chargaff findet in der DNS unterschiedlicher Spezies immer ein äquivalentes Verhältnis von Guanin zu Cytosin und von Adenin zu Thymin, die sogenannte Chargaffsche Regel – ein ganz entscheidender Hinweis für Watson und Crick für das Modell der DNS-Doppelhelix.

1952

Alfred Day Hershey und Martha Chase können beweisen, daß die DNS und eben nicht die Proteine Träger der genetischen Information ist. Hershey teilt dies seinem Freund Watson noch vor der Veröffentlichung in einem langen Brief mit. Ein weiterer entscheidender Hinweis für Watson und Crick während ihres Modellbaus an der Doppelhelix.

Der englischen Kristallographin Rosalind Franklin gelingt eine »Röntgenaufnahme« von kristalliner DNS in der B-Form, die für die genaue Strukturaufklärung durch Watson und Crick von grundlegender Bedeutung sein sollte.

1953

Francis Crick und James Watson stellen in einem eineinhalb Seiten langen Aufsatz in *Nature* die Struktur der DNS-Doppelhelix vor und schlagen einen Mechanismus der Vererbung vor, der sich in den folgenden Jahrzehnten als richtig und wegweisend herausstellen sollte.

1955

Arthur Kornberg und seine Kollegen isolieren systematisch die für die DNS-Verdoppelung von *E.-Coli*-Bakterien notwendigen Enzyme (DNS-Polymerasen).

1958

M. Meselson und W. F. Stahl beweisen, daß die DNS-Verdoppelung (Replikation) semikonservativ geschieht. Jeder Tochter-Doppelstrang enthält einen neuen und einen elterlichen DNS-Strang.

1961

Erste experimentelle Beweise, daß der genetische Code universal ist und, wie von George Gamow vorhergesagt, aus drei Buchstaben besteht.

1964

Der genetische Code, 3 Basenbuchstaben (Codon) kodieren den Einbau einer Aminosäure in die Polypeptidkette, ist für alle Aminosäuren entziffert.

1970

Smith und Wilcox veröffentlichen die erste ausführliche Beschreibung eines Restriktionsenzyms.

Um 1970

Die ersten Klonierungsversuche mit entkernten Froscheier- und Kaulquappen-Genomen werden erfolgreich durchgeführt.

1973

Herbert Boyer und Stanley Cohen finden eine Methode, DNS-Moleküle verschiedener Herkunft, beispielsweise Maus und Bakterium, im Reagenzglas zu rekombinieren (rekombinante DNS). Die Möglichkeit, diese rekombinanten Moleküle in andere Zellen zu schleusen, eröffnet die Möglichkeit, neue Lebensmoleküle zu entwickeln, die möglicherweise entscheidend in die Evolution eingreifen können. Grundlegend hierfür war die Entdeckung des ersten Restriktionsenzyms aus *E. Coli*, das sogenannte EcoRI.

Um 1975

Frederick Sanger sowie Walter Gilbert und Allan Maxam erarbeiten unterschiedliche Methoden der DNS-Sequenzierung.

1976

Die ersten Introns, nichtkodierende Abschnitte, innerhalb der Säugetiergene werden gefunden.

1977

Frederick Sanger und seine Arbeitsgruppe ermitteln erstmals die Basensequenz eines kompletten Genoms: Es sind dies die 5386 Basen des Bakteriophagen ϕX 174. Die DNS ist sequenzierbar.

Um 1977

Erste gentechnische Synthesen von menschlichem Insulin (51 Aminosäuren) und menschlichem Wachstumshormon (191 Aminosäuren) in Bakterien.

1982

W. R. Jelinik und C. W. Schmid berichten über repetitive Sequenzen in der Säugetier-DNS. M. F. Singer findet hochgradig sich wiederholende Sequenzen in der Säugetier-DNS (SINES).

1985

Der Nobelpreisträger Renato Dulbecco spricht erstmals von der Möglichkeit einer vollständigen Sequenzierung des gesamten Genoms und den damit verbundenen großen Vorteilen für die Krebsforschung.

1986

Kari Mullis erarbeitet die sogenannte Polymerase-Kettenreaktion. Nobelpreis 1993.

Um 1990
Die Human Genome Organisation beginnt die Arbeit an der Sequenzierung des menschlichen Genoms.

1993
Erste gentechnische Produktion von menschlichem Gerinnungsfaktor VIII (Polypeptid aus 2351 Aminosäuren) zur Behandlung der Bluterkrankheit in Hamsterzellen.

1997
Geburt des ersten geklonten Schafes, nach Einbringen des Zellkerns einer Euterzelle eines anderen Schafs in die entkernte Eizelle des Mutterschafs.

1998
Dem amerikanischen Molekularbiologen James Thomson gelingt erstmals die Gewinnung und Kultivierung von menschlichen embryonalen Stammzellen.

2000
Die vollständige, 3,2 Milliarden Genbuchstaben lange Basensequenz aller 23 Chromosomen des menschlichen Genoms ist ermittelt.

2001
Die vollständige Basensequenz des menschlichen Genoms wird veröffentlicht.

Glossar

Adenin →Purin→base in →Nukleinsäuren, →komplementäre Base zu →Thymin.

AIDS Akronym der englischen Abkürzung des erworbenen Immunschwäche-Syndroms (Aquired Immun Deficiency Syndrome).

Allgemeine Relativitätstheorie Theorie der Gravitation. Der Grundgedanke dieser Theorie besagt, daß die Gravitation eine Folge der Krümmung des Raum-Zeit-Kontinuums ist. Spielt für biologische Phänomene keine Rolle.

Aminosäure Organische Verbindung mit mindestens einer Amino- und einer Säuregruppe. Die 20 Aminosäuren, aus denen die →Proteine aufgebaut sind, sind über die Amino- und Säuregruppe miteinander verbunden.

Aminosäuresequenz Die exakt vorgegebene Reihenfolge der →Aminosäuren-→Monomere in einer →Polypeptidkette, die festgelegt ist in der genetisch vorgegebenen →Basensequenz der →Gene in der →DNS.

Bakteriophage (Phage) Ein Virus, das Bakterienzellen infiziert. Einige Phagen sind ideale Transportvehikel für das →Klonieren von Genen. Bakteriophagen spielten eine besondere Rolle beim endgültigen Beweis, daß die →DNS Träger der genetischen Information ist.

Base Chemische Verbindung, die ein Stickstoffatom enthält, das ein →Proton (→Wasserstoffion) nicht kovalent binden kann. Gewöhnliche Bezeichnung für die in den →Nukleinsäuren vorkommenden →Purine und →Pyrimidine.

Basenpaar →komplementäre Basen.

Boten-RNS Jede →RNS, die die genaue →Sequenz der →Aminosäuren in einem Protein festlegt. Sie wird durch →Transkription von einer RNS-Polymerase an einem →DNS-Strang synthetisiert.

Chromosom In kernhaltigen Zellen die strukturelle Einheit des genetischen Materials, bestehend aus einem →DNS-Doppelstrang-Molekül mit den zugehörigen →Proteinen.

Codon →Sequenz von drei Basen (→Nukleotiden) in der →DNS oder →Boten-RNS, die den Einbau einer →Aminosäure in ein →Protein steuert, häufig auch →Triplet-Code genannt.

Crossing over Austausch von genetischem Material zwischen mütterlichen und väterlichen →Chromosomen während der Reifeteilung zur Herstellung →rekombinanter DNS.

DNA englische Abkürzung für Desoxyribonucleic acid (Desoxyribonukleinsäure).

DNS Desoxyribonukleinsäure →Nukleinsäuren

DNS-Ligase →Enzym, welches das 3´-Ende eines Nukleinsäurestranges mit dem 5´-Ende eines anderen kontinuierlich verbindet.

DNS-Polymerase →Enzym, welches einen →DNS-Strang (Schablonenstrang) kopiert, um einen →komplementären DNS-Strang zu synthetisieren. Schablonenstrang und Komplementärstrang bilden eine neue →DNS-Doppelhelix. Alle DNS-Polymerasen fügen Desoxyribonukleotide, eines nach dem anderen, nur in der 5´-3´-Richtung, an kurze sogenannte →Primer-Stränge von DNS oder RNS an.

Doppelhelix Die häufigste dreidimensionale Struktur der zellulären →DNS.

Eiweiß →Protein

Enzym (Arbeitseiweiße) Biologisches Makromolekül (→Protein), das als biochemischer Katalysator angesehen werden kann. Ermöglicht biochemische Reaktionen, die nicht oder nicht in angemessener Zeit ausgeführt werden könnten.

Erbsubstanz Populärer Ausdruck, synonym mit →Genom, →DNS und →Chromosom.

Erkennungssequenz Gensequenz von 4 bis 6 Basenpaaren, in dem die →Restriktionsenzyme die DNS durchtrennen. Die bekannteste für das Restriktionsenzym aus *E.-coli*-Bakterien »EcoRI« hat die Sequenz 5´GAATTC3´. Das Bakterium *Nocardia otitidis-caviarum*, NotI »not-one«, hat ausnahmsweise eine Erkennungssequenz von 8 Basenpaaren.

Exon Abschnitt eines →Gens, der in →Boten-RNS, ribosomale RNS oder Transfer-RNS transkribiert wird.

Feinstrukturkonstante α-Konstante der Quantenphysik, definiert als Quadrat der Elektronenladung, dividiert durch das Produkt aus →Planckscher Konstante und Lichtgeschwindigkeit. Betrag: 1/137.

Fingerabdruck (genetischer) Aus dem →Restriktionslängen-Polymorphismus hervorgehendes charakteristisches Verteilungs-muster der →Restriktionsfragmente. Für jedes Individuum unter-schiedlich.

Gen (Gene) Funktionelle Einheiten der Vererbung, welche die Erb-information von einer Generation auf die nächste übertragen. In molekularbiologischer Sicht sind sie die gesamte →DNS-Sequenz – einschließlich der →Exons, →Introns und der nichtkodierenden Kontrollregionen –, die notwendig sind für die Synthese eines →Proteins oder einer →Ribonukleinsäure.

Genetischer Code Die Regeln, nach denen jeweils drei →Basen (→Codon) in der →DNS oder →RNS den Einbau einer →Aminosäure in →Proteine steuern.

Genotyp Die vollständige genetische Konstitution einer individuellen Zelle oder eines Organismus.

Genom Vollständige →genetische Information einer Zelle oder eines Organismus.

Histone Familie kleiner basischer →Proteine, die mit der DNS des

Zellkerns verbunden sind und von entscheidender Bedeutung für die Struktur der Säugetier-Chromosomen sind.

Intron Abschnitt eines Gens, der nicht in →Boten-RNS, ribosomale RNS oder Transfer-RNS transkribiert wird. Führt zur sogenannten Zerstückelung der Gene.

Ion Ein Atom, das einige seiner äußeren Elektronen verloren oder hinzugewonnen hat und deshalb eine positive oder negative Ladung hat.

Isotope Abarten eines chemischen Elements mit gleicher Ordnungszahl (Kernladung) und daher gleichen chemischen Eigenschaften, aber verschiedener Massenzahl, entsprechend gleicher Protonenzahl bei verschiedenen Neutronenzahlen des Atomkerns. Biologische Systeme können nicht zwischen verschiedenen Isotopen unterscheiden.

Klonierung →Klon.

Klon (Klonieren) Eine Anzahl von identischen Zellen oder →DNS-Molekülen, die von einer (einem) einzigen Vorläuferzelle (Molekül) abstammen. In diesem Sinne sind Viren oder Organismen, die genetisch identisch sind und von einer einzigen Vorläuferzelle abstammen, auch Klone.

Klonierungsvektor Autonomes, zur Selbstverdoppelung fähiges genetisches Element, das in der Lage ist, →DNS eines anderen →Genoms zur →Klonierung in eine Wirtszelle zu schleusen. Als Klonierungsvektor werden gewöhnlich bakterielle →Plasmide und modifizierte →Phagen-→Genome verwendet.

Komplementäre Basen Basenpaar-Verbindung zweier Basen über →Wasserstoffbrücken. →Adenin bildet ein perfektes →Basenpaar mit →Thymin oder →Uracil (A-T; A-U), →Guanin mit →Cytosin (G-C).

Komplementärer DNS-Strang Bezeichnung für zwei →Nukleinsäure→sequenzen oder -stränge, die über eine perfekte →Basenpaarung eine →DNS-Doppelhelix bilden.

Komplementärer RNS-Strang Zwei →Nukleinsäure→sequenzen oder -stränge, die über eine perfekte →Basenpaarung einen DNS-RNS-Doppelstrang bilden.

Kosmologie Die Lehre von der Entstehung und Entwicklung des gesamten Weltalls.

Lagging strand Neu synthetisierter →DNS-Strang, dessen Synthese diskontinuierlich in der 3′-5′-Richtung am Schablonenstrang erfolgt.

Leading strand Neu synthetisierter →DNS-Strang, der kontinuierlich in 5′-3′-Richtung am Schablonenstrang erfolgt.

Ligase Ein →Enzym, welches das 3′-Ende eines →Nukleinsäurestranges mit dem 5′-Ende eines anderen zu einem kontinuierlichen Strang verbindet.

Nichthistone Familie von sauren oder neutralen →Proteinen in den Säugetier-Chromosomen.

Nukleinsäuren: Desoxyribonukleinsäure (DNS) Langes lineares →Polymer, welches aus vier verschiedenen Desoxyribose-→Nukleotiden besteht. Träger der genetischen Information. Im natürlichen Zustand ist die DNS eine →Doppelhelix von zwei antiparallelen DNS-Strängen, die über →Wasserstoffbrücken zwischen →komplementären →Purin- und →Pyrimidinbasen zusammengehalten werden.

Nukleinsäuren: Ribonukleinsäure (RNS) Lineares Einzelstrang-→Polymer aus Ribose-→Nukleotiden, die durch →Transkription von DNS synthetisiert wird. Die drei Arten von zellulärer RNS: Boten-RNS, ribosomale RNS und Transfer-RNS sind für die →Proteinsynthese verantwortlich.

Nukleosom Kleine Struktureinheit des →Chromosoms, bestehend aus einem →Histon-→Protein, um das ein →DNS-Segment von etwa 150 →Basenpaaren gewunden ist.

Nukleoside Eine Gruppe kleiner Moleküle von →Purin- oder

→Pyrimidinbasen, die mit einem Zucker, entweder Ribose oder Desoxyribose, verbunden sind.

Nukleotide →Nukleoside mit einer oder mehreren Phosphorgruppen, die mit der Ribose des →Nukleosids verbunden sind. →DNS und →RNS sind →Polymere von Nukleotiden.

Okazaki-Fragmente Kurze →DNS-Einzelstränge von etwa 1000 →Basen Länge, die während der asymmetrischen DNS-Verdoppelung gebildet werden und sofort von einer DNS-→Ligase zu einem kontinuierlichen DNS-Strang verbunden werden.

Operon Auf der bakteriellen DNS ein Cluster von zusammenhängenden Genen, die mittels einer →RNS-Polymerase zusammenhängend transkribiert werden. Ökonomisierung von Synthese und Regulation der →Enzymsynthese.

Peptidbindung Kovalente Bindung zwischen zwei benachbarten →Aminosäuren in →Proteinen – daher die Bezeichnung Polypeptid – zwischen der Aminogruppe der einen und der Säuregruppe der anderen Aminosäure unter Wasseraustritt.

Phagen →Bakteriophagen.

Phänotyp Die sichtbaren Charakteristiken einer Zelle oder eines Organismus.

Plancksche Konstante →Wirkungsquantum.

Plasmid Kleines ringförmiges, extrachromosomales →DNS-Molekül, das sich autonom in einer Bakterienzelle vermehrt. Neben den →Phagen ein idealer →Klonierungsvektor.

Polyacrylamid-Gel-Elektrophorese Mit dieser Methode werden →Protein- und →Nukleinsäurebruchstücke getrennt. Ein Polyacrylamid-Gel ist eine halbfeste Acryl-Wassersuspension, die sich zwischen zwei Glasplatten aus Acrylmonomeren zu Polymeren verfestigt. Je nach der Wahl der Konzentrationen kann die Porengröße variiert werden. Eine Spannung zwischen dem oberen und unteren Teil des Gels sorgt dafür, daß die geladenen Protein- oder Nukleinsäurebruchstücke nach Maßgabe ihrer Größe (Länge) im Gel vom negativen zum positiven Pol unterschiedlich weit »wandern«.

Polymer Jedes große Molekül, das aus vielen identischen Untereinheiten (Monomeren) besteht, die kovalent miteinander verbunden sind. →Proteine sind Polymere aus →Aminosäuren, →Nukleinsäuren sind Polymere aus Nukleotiden.

Polymerase-Kettenreaktion Technik zur Vervielfältigung eines spezifischen →DNS-Segmentes durch wiederholte Zyklen der komplementären DNS-Synthese an kurzen DNS-→Primer, unmittelbar im Anschluß an eine kurze Erhitzungsphase zur Trennung der komplementären Stränge. Eine der wichtigsten biochemischen Reaktionen im Zusammenhang mit der DNS-→Sequenzierung.

Polypeptid Lineares →Polymer aus →Aminosäuren, über eine →Peptidbindung verbunden. →Proteine sind große Polypeptide. Protein, Polypeptid und Eiweiß sind synonyme Begriffe.

Primer Kurze →Nukleinsäuresequenz, die eine →Basenpaarung mit einem →komplementären Schablonenstrang eingegangen ist und eine freie 3´-OH-Gruppe enthält. Die freie OH-Gruppe bildet den Startpunkt für die →DNS-Polymerase.

Prionen »Proteinaceous infectious agents«: eiweißhaltige infektiöse Agenzien, die sich wie eine vererbbare Einheit verhalten, ohne daß sie Erbmaterial-→DNS enthalten. Beispiele sind PrP^{Sc}, das Agenz der Schafskrankheit Scrapie und der bovinen spongiformen Encephalopathie (BSE), sowie Psi, ein vererbbares Agenz bei Hefen.

Protein (Eiweiß) Lineares →Polymer aus →Aminosäuren, die in einer ganz spezifischen →Sequenz miteinander verbunden sind. Gewöhnliche Proteine enthalten mehr als 50 Aminosäuren. Proteine spielen eine Schlüsselrolle in nahezu allen lebendigen Funktionen.

Proton Positiv geladenes Teilchen, →Ion des Wasserstoffatoms, das zusammen mit Neutronen gewöhnliche Atomkerne aufbaut.

Purine Eine Gruppe von stickstoffhaltigen Molekülen aus zwei heterozyklischen Ringen. Zwei Purine, →Adenin und →Guanin, finden sich in der →Desoxyribonukleinsäure und der →Ribonukleinsäure.

Pyrimidine Eine Gruppe von stickstoffhaltigen Molekülen, die aus einem heterozyklischen Ring besteht. Zwei Pyrimidine, →Cytosin und →Thymin, finden sich in der →Desoxyribonukleinsäure; in der →Ribonukleinsäure befindet sich →Uracil anstelle von →Thymin.

Quantenelektrodynamik QED, die relativistische →Quantentheorie der elektromagnetischen Wechselwirkung. Exakteste Beschreibung der Feinstruktur der Materie.

Quantenmechanik Fundamentale physikalische Theorie, welche die klassische Mechanik ersetzte. Nach der Quantenmechanik sind Wellen und Teilchen nur zwei Aspekte ein und derselben zugrundeliegenden Wirklichkeit. Das mit einer Welle verbundene Teilchen ist deren Quant. Die Gesetze der Physik, die den Elementarteilchen (→Protonen, Elektronen) zugrunde liegen; zu ihnen gehört beispielsweise die →Unschärferelation.

Quantentheorie Physikalische Theorie für das Verhalten der Mikroobjekte, die auf deren experimentell gesichertem Welle-Teilchen-Dualismus beruhen und das Plancksche →Wirkungsquantum *h* als grundlegende neue Naturkonstante enthalten.

Reduktionismus Das Zurückgehen auf allereinfachste Lebensformen und -vorgänge zum Verständnis komplizierterer und höherer.

Reduktionsteilung Besondere Form der Zellteilung bei der Reifung von Keimzellen; sie beruht letztlich auf zwei aufeinanderfolgenden Kern- und Zellteilungen mit nur einer einzigen Verdoppelung des genetischen Materials, was zu einer Halbierung (Reduktion) des genetischen Materials in den Keimzellen führt. Der haploide (halbe) Chromosomensatz in den Keimzellen der Eltern führt bei der Befruchtung (Sperma und Eizelle) wieder zum vollständigen (diploiden) Chromosomensatz. Dadurch bleibt die Chromosomenzahl über die aufeinanderfolgenden Generationen immer gleich.

Rekombinante DNS Jedes →DNS-Molekül, das aus DNS-Fragmenten unterschiedlicher Herkunft zusammengesetzt ist. Gewöhnlich hergestellt durch Fragmentierung von unterschiedlicher →DNS mittels →Restriktionsenzymen und Verbindung der Fragmente mittels DNS-→Ligasen.

Replikationsgabel Stelle in der →Doppelstrang-DNS, an welcher die elterlichen Schablonenstränge getrennt werden und die komplementären Stränge von der →DNS-Polymerase durch Hinzufügen von →Desoxyribonukleotiden synthetisiert werden.

Restriktionsenzym →Enzyme, die spezifische kurze →Basensequenzen in der →Doppelstrang-DNS erkennen und durchtrennen (→Restriktionsstellen). Diese →Enzyme sind unter Bakterien weitverbreitet und werden extensiv zur Herstellung →rekombinanter DNS verwendet. Die exorbitanten Erfolge der Gentechnologie sind in erster Linie auf diese →Enzyme zurückzuführen.

Restriktionsfragment Definiertes →DNS-Bruchstück, das durch ein definiertes →Restriktionsenzym gewonnen wird. Restriktionsfragmente werden zur Produktion von →rekombinanten DNS-Molekülen und zum →Klonieren von →DNS verwendet.

Restriktionslängen-Polymorphismus Beschreibt das unterschiedliche Verteilungsmuster der →Restriktionsfragmente in einem Genom, das durch das unterschiedliche Verteilungsmuster der →Erkennungssequenzen für die →Restriktionsenzyme hervorgerufen wird. Grundlage des genetischen →Fingerabdrucks.

Reverse Transcriptase →Enzym einiger besonderer Viren, das an einsträngiger →RNS doppelsträngige →DNS synthetisieren kann.

Ribosom Großer Komplex im →Zytoplasma der Zelle, der ausschließlich der Proteinsynthese dient, bestehend aus unterschiedlichen →Ribonukleinsäure-Molekülen und mehr als 50 →Proteinen.

RNS-Polymerase →Enzym, das einen →DNS-Strang kopiert zu einem →komplementären RNS-Strang.

Schwarze Strahlung Eine Strahlung, die in allen Wellenlängebereichen die gleiche Energiedichte aufweist wie die von einem total absorbierenden erwärmten Körper ausgesandte Strahlung. Jede Strahlung im thermischen Gleichgewichtszustand heißt schwarze Strahlung.

Sequenzierung (Sequenz) Die Bestimmung der linearen Abfolge von →Monomeren in →Polymeren, insbesondere von →Proteinen und →Nukleinsäuren.

SINES (short interspersed repeated sequences) Eine Gruppe von über das gesamte →Genom verstreuten, sich einige hunderttausend Mal wiederholenden Sequenzen.

Spezielle Relativitätstheorie Neue Auffassung von Raum und Zeit. Die Raum-Zeit-Transformationen der speziellen Relativitätstheorie bringen zum Ausdruck, daß die Lichtgeschwindigkeit, unabhängig davon, wie schnell der Beobachter sich bewegt, konstant bleibt. Ein System, das Teilchen enthält, welche sich mit annähernd Lichtgeschwindigkeit bewegen, wird relativistisch genannt und muß statt nach den Regeln der klassischen Mechanik nach denen der speziellen Relativitätstheorie behandelt werden. Spielt für biologische Phänomene keine Rolle.

Telomerasen →Enzyme, die die Endregionen der Säugetier-→Chromosomen davor schützen, bei jeder Runde der Selbstverdoppelung verkürzt zu werden. Wichtig bei der Verzögerung des Alterungsprozesses.

Thymin →Pyrimidinbase, kommt nur in der →DNS vor, bildet mit →Adenin ein →Basenpaar.

Transkription Vorgang, bei dem ein →DNS-Strang als Schablone für die Synthese eines →komplementären RNS-Stranges mittels einer →RNS-Polymerase synthetisiert wird.

Translation Produktion eines →Polypeptids, dessen →Aminosäure-sequenz aus der →Basensequenz der →Boten-RNS unter Verwendung des →Triplet-Codes »übersetzt« wird.

Triplet-Code →Codon.

Unschärferelation Gesetz der Quantenmechanik, das besagt, wenn man die Position eines Elementarteilchens genau bestimmt, wird die Bestimmung der Geschwindigkeit im gleichen Maß unbestimmt, und umgekehrt.

Urknalltheorie Theorie, nach der die Expansion des Universums vor einem endlichen Zeitraum mit einem Zustand von ungeheurer Dichte und ungeheurem Druck begann.

Vitalismus Philosophische Grundhaltung, die davon ausgeht, daß den Lebensprozessen andere Gesetzmäßigkeiten als die bekannten von Physik und Chemie zugrunde liegen.

Wasserstoff Leichtestes und häufigstes Atom. Besteht aus einem →Proton und einem Elektron. Dem positiven Wasserstoff-Ion (Proton) fehlt ein Elektron.

Wasserstoffbrückenbindung Nichtkovalente Bindung zwischen einem elektronegativen Atom (Sauerstoff oder Stickstoff) und einem →Wasserstoffatom, das kovalent an ein anderes elektronegatives Atom gebunden ist. Wasserstoffbrücken sind besonders wichtig zur Stabilisierung der räumlichen Struktur der →Proteine und bei der Bildung von →Basenpaaren in den →Nukleinsäuren. Wichtigstes Struktur- und Wirkungsprinzip aller Moleküle des Lebens.

Wirkungsquantum Die fundamentale Konstante der →Quantenmechanik. Symbol: h. Max Planck führte diese Konstante im Jahre 1900 mit seiner Theorie der →schwarzen Strahlung ein. Albert Einstein übernahm sie dann im Jahre 1905 in seiner Photonentheorie.

Zytoplasma Viscöser Inhalt einer Zelle innerhalb der Zellmembran, in kernhaltigen Zellen außerhalb des Zellkerns.

Bibliographie

A. Quellen

Avery, Oswald Theodore: Studies on the chemical nature of the substance inducing transformation of pneumococcal types. *Journal of experimental Medicin Bd. 79*, 1944.

Baltimore, David: Our genome unveiled. *Nature Bd. 409*, 2001.

Bateson, William: The fact of heredity in the light of Mendel's discovery. *Rep Evol. Comm. Royal Society London 1*, 1902.

Beadle, George Wells: Genetic control of biochemical reactions in Neurospora. *Proceedings of National Academy of Science Bd. 27*, 1941.

Beadle, George: The genetic control of biochemical reactions. *Harvey Lectures Bd. 40*, 1945.

Bohr, Niels: Light and life. *Nature Bd. 131*, 1933.

Boveri, Theodor: *Ergebnisse über die Konstitution der chromatischen Substanz des Zellkerns.* Jena 1904.

Boyer, H.W.: DNA restriction and modification mechanisms in bacteria. *Annual Review of Microbiology Bd. 19*, 1971.

Chargaff, Erwin: Structure and function of nucleic acids as cell constituents. *Federal Proceedings Bd. 10*, 1951.

Correns, Carl Erich: Gregor Mendels Regel über das Verhalten der Nachkommenschaft der Rassenbastarde. *Berichte der Deutschen Botanischen Gesellschaft Bd. 18*, 1900.

Darwin, Charles: *The Origin of Species by Means of Natural Selection or the Preservation of favored Races in the Struggle for Life.* New York: Random House o.J., zuerst 1859.

Darwin, Charles: *The Descent of Man and Selection in Relation to Sex.* New York: Random House o.J., zuerst 1871.

Delbrück, Max: Bacterial viruses (bacteriophages). *Advances in Enzymology Bd. 2,* 1942.

Delbrück, Max: Genetical implications of the structure of deoxyribonucleic acid. *Nature Bd. 171,* 1953.

Dobzhansky, Theodosius: *Genetics and the origin of species.* New York 1937.

Franklin, Rosalind: Molecular configuration in sodium thymonuceate. *Nature Bd. 171,* 1953.

Gamow, George: Possible relation between deoxyribonucleic acid and protein structure. *Nature Bd. 173,* 1954.

Garrod, Archibald: The incidence of alkaptonuria: a study in chemical individuality. *Lancet Bd. 2,* 1902.

Griffith, Frederick: The significance of pneumococcal types. *Journal of Hygiene Bd. 27,* 1928.

Hershey, Alfred: Independent functions of viral protein and nucleic acid in growth of bacteriophage. *Journal of Genetic Physiology Bd. 36,* 1952.

Hertwig, Oscar: *Das Problem der Befruchtung und der Isotropie des Eies: eine Theorie der Vererbung.* Untersuchungen zur Morphologie und Physiologie der Zelle. Jena 1884.

Hoppe-Seyler, Ernst Felix: *Über die Entwicklung der physiologischen Chemie und ihre Bedeutung für die Medizin.* Straßburg 1884.

Johannsen, Wilhelm: The genotype conception of heredity. *American Naturalis Bd. 45,* 1911.

Johannsen, Wilhelm: *The theory of Gene.* New Haven (Conn.) 1926.

Kay, Lily E.: Conceptual models and analytical tools. The biology of physicist Max Delbrück. *Journal of the History of Biology Bd. 18,* 1985.

Keller, Evelyn: Physics and the emergence of molecular biology: A history of cognitive and political synergy. *Journal of the History of Biology Bd. 2*, 1990.

Luria, Salvador: Mutations of bacteria from virus sensivity to virus resistance. *Genetics Bd. 28*, 1943.

Mendel, Gregor Johann: Versuche über Pflanzenhybriden. Zuerst: *Verhandlungen des naturforschenden Vereins Brünn* 1865.

Meselson, Matthew: The replication of DNA in Escherichia coli. *Proceedings of the National Academy of Sciences Bd. 44*, 1958.

Morgan, Thomas Hunt: Chromosomes and heredity. *American Naturalist Bd. 44*, 1910.

Muller, Hermann Joseph: Artificial transmutation by x-Rays. *Science Bd. 66*, 1927.

Muller, Hermann Joseph: The gene as a basis of life. Ptoc. *International Congress of Plant Science Bd. 1*, 1929.

Mullis, Kari: The polymerase chain reaction. *Cold Spring Harbor Symposium of Quantitative Biology Bd. 51*, 1986.

Nierenberg, Marshal: RNA code words and protein synthesis. *Science Bd. 145*, 1964.

Pauling, Linus: Two hydrogen-bonded spiral configurations of the polypeptide chain. *Journal of the American Chemical Society Bd. 72*, 1950.

Planck, Max: *Zur Theorie des Gesetzes der Energieverteilung im Normalspektrum.* Vortrag vor der Physikalischen Gesellschaft Berlin am 14. Dezember 1900.

Sanger, Frederick: Determination of nucleotide sequences in DNA. *Science Bd. 214*, 1981.

Sanger, Frederick: Sequences, Sequences and Sequences. *Annual Review of Biochemistry Bd. 57*, 1988.

Sanger, Frederick: The arrangement of amino acids in proteins. *Advances in Protein Chemistry Bd. 7*, 1952.

Schrödinger, Erwin: *What is Life?* Cambridge 1944.

Timoféef-Ressovsky, Nikolaj: The experimental production of mutations. *Biological Revue Bd. 9,* 1934.

Tschermak, Erich von: Über künstliche Kreuzung bei Pisum sativum. *Berichte der Deutschen Botanischen Gesellschaft Bd. 18,* 1900.

Vries, Hugo de: Das Spaltungsgesetz der Bastarde. *Berichte der Deutschen Botanischen Gesellschaft Bd. 18,* 1900.

Watson, James Dewy: Molecular structure of nucleic acids. A structure for deoxyribose nucleic acid. *Nature Bd. 171,* 1953.

Watson, James Dewy: *The double helix.* New York 1968.

Weismann, August Friedrich Leopold: *Über die Zahl der Richtungskörper und über ihre Bedeutung für die Vererbung.* Jena 1887.

B. Weitere Literatur

Brown, Terence A.: *Gentechnologie für Einsteiger.* Berlin 1999.

Campbell, Neil A.: *Biologie.* Heidelberg 1997.

Crick, Francis: *Von Molekülen und Menschen.* München 1970.

Deichmann, Ute: *Biologen unter Hitler. Vertreibung, Karrieren, Forschung.* Frankfurt am Main 1992.

Fischer, Ernst Peter: *Das Atom des Biologen. Max Delbrück und der Ursprung der Molekulargenetik.* München 1988.

Jacob, François: *Die innere Statue.* Zürich 1998.

Jahn, Ilse et al.: *Geschichte der Biologie.* Heidelberg/Berlin 2000.

Jordan, Bertrand: *Alles genetisch?* Hamburg 2001.

Judson, Horace: *Eine Geschichte der Wissenschaft und der Technologie der Genkartierung und -sequenzierung.* München 1993.

Kay, Lily E.: *The Molecular Vision of Life. Caltech, the Rockefeller Foundation, and the Rise of the New Biology.* Oxford 1993.

Lewin, Benjamin: *Genes VII.* New York 2000.

Lodish, Harvey et al.: *Molecular Cell Biology.* New York 2000.

Melderis, Hans: *Der biologische Urknall. Entstehung von Kosmos und Leben aus der Bewegung.* Hamburg 1999.

Monod, Jacques: *Zufall und Notwendigkeit. Philosophische Fragen der modernen Biologie.* München 1971.

Russels, Peter J.: *Genetics.* New York 1992.

Schrödinger, Erwin: *Was ist Leben?* München 1999.

Watson, James Dewey: *Die Doppelhelix.* Reinbek bei Hamburg 1997.

Watson, James Dewey: *Genes, Girls and Gamow.* Oxford 2001.

Wilkie, Tom: *Gefährliches Wissen. Sind wir der Gentechnik gewachsen?* Hamburg 1996

... *mit* eva *Zeitgeschichte lesen* ...

Dan Bar-On
Furcht und Hoffnung
Von den Überlebenden zu den Enkeln/
Drei Generationen des Holocaust
Aus dem Amerikanischen von
Anne Vonderstein
Broschur, 480 Seiten

György Dalos
Der Gast aus der Zukunft
Anna Achmatowa und Sir Isaiah Berlin –
Eine Liebesgeschichte
gebunden mit Schutzumschlag, 235 Seiten

György Dalos
Olga – Pasternaks letzte Liebe
Fast ein Roman
gebunden mit Schutzumschlag, 220 Seiten

Angelika Ebbinghaus/Karsten Linne (Hg.)
Kein abgeschlossenes Kapitel:
Hamburg im »Dritten Reich«
Broschur, 556 Seiten

Iring Fetscher
Joseph Goebbels im Berliner
Sportpalast 1943
»Wollt ihr den totalen Krieg?«
Broschur, 277 Seiten
auch Sonderausgabe mit CD

Hermann Field
Departure Delayed
Stalins Geisel im Kalten Krieg
Aus dem Amerikanischen von
Jobst-Christian Rojahn
gebunden mit Schutzumschlag, 557 Seiten

Tania Förster
Dora Maar
Picassos Weinende
gebunden mit Schutzumschlag, 190 Seiten

Rebecca Camhi Frohmer
Das Haus am Meer
Der griechische Holocaust
Aus dem Amerikan. von Michael Haupt
Broschur, 112 Seiten

Stefan Fuchs
»Dreiecksverhältnisse sind immer
kompliziert«
Kissinger, Bahr und die Ostpolitik
Broschur, 321 Seiten

Giorgio Galli
Staatsgeschäfte
Affairen, Skandale, Verschwörungen.
Das unterirdische Italien 1943–1990
Aus dem Italienischen von Monika Lustig
gebunden mit Schutzumschlag, 350 Seiten

Josef Grässle-Münscher
Kriminelle Vereinigung
Von den Burschenschaften bis zur RAF
Klappenbroschur, 200 Seiten

Fania Gottesfeld Heller
Feindes Liebe
Eine wahre Geschichte
Aus dem Amerikan. von Michael Haupt
gebunden mit Schutzumschlag, 274 Seiten

Jörg Hackeschmidt
Von Kurt Blumenfeld zu Norbert Elias
Die Erfindung einer jüdischen Nation
Broschur, 374 Seiten

... *Zeitgeschichte lesen mit* eva ...

Jost Hermand/Wigand Lange (Hg.)
**»Wollt ihr Thomas Mann
wiederhaben?«**
Deutschland und die Emigranten
Broschur, 215 Seiten

Rainer Huhle (Hg.)
Von Nürnberg nach Den Haag
*Menschenrechtsverbrechen vor Gericht –
Zur Aktualität der Nürnberger Prozesse*
Broschur, 246 Seiten

Rita Maran
Staatsverbrechen
Ideologie und Folter im Algerienkrieg
Aus dem Französischen von Linda Gränz
gebunden mit Schutzumschlag, 368 Seiten

Hans Melderis
Der biologische Urknall
*Entstehung von Kosmos und Leben
aus der Bewegung*
gebunden mit Schutzumschlag, 288 Seiten

Hans Melderis
Raum – Zeit – Mythos
*Richard Wagner und die modernen
Naturwissenschaften*
gebunden mit Schutzumschlag, 230 Seiten

Paul Parin
Es ist Krieg und wir gehen hin
Bei den jugoslawischen Partisanen
eva-TB, 286 Seiten

Paul Parin
Untrügliche Zeichen von Veränderung
Jahre in Slowenien
gebunden mit Schutzumschlag, 200 Seiten

Ulrich Pfeiffer
**Deutschland – Entwicklungspolitik
für ein entwickeltes Land**
gebunden mit Schutzumschlag, 340 Seiten

Radek Sikorski
Das polnische Haus
Die Geschichte meines Landes
Aus dem Englischen von Anne Middelhoek
gebunden mit Schutzumschlag, 378 Seiten

Edelgard Skowronnek
Kinder des Krieges
*Spanische Bürgerkriegskinder in
der Sowjetunion*
Broschur, 250 Seiten

Salomon W. Slowes
Der Weg nach Katyn
Bericht eines polnischen Offiziers
Aus dem Amerikanischen von
Michael Haupt
Broschur, 276 Seiten

Rita Thalmann
Gleichschaltung in Frankreich
1940 bis 1944
Aus dem Französischen von Eva Groepler
Broschur, 368 Seiten

Robert Whymant
Richard Sorge
Der Mann mit den drei Gesichtern
Aus dem Englischen von Thomas Bertram
gebunden mit Schutzumschlag, 512 Seiten

Taschenbücher bei eva

... eine Auswahl

Taschenbücher bei eva

... eine Auswahl

Albert Memmi
Rassismus
Aus dem Französischen von Udo Rennert
eva-TB 96, 230 Seiten

Albert Memmi
Der Kolonisator und der Kolonisierte
Zwei Porträts
Aus dem Französischen von Udo Rennert
eva-TB 219, 139 Seiten

Fritz Morgenthaler
Technik
*Zur Dialektik der
psychoanalytischen Praxis*
eva-TB 72, 152 Seiten

Christoph Nix
Deutsche Kurzschlüsse
*Einlassungen zu Justiz, Macht
und Herrschaft*
eva-TB 23, 180 Seiten

Paul Parin
Der Widerspruch im Subjekt
Ethnopsychoanalytische Studien
eva-TB 92, 60 Seiten

Paul Parin
Die Weißen denken zuviel
*Psychoanalytische Untersuchungen
bei den Dogon in Afrika*
eva-TB 206, 630 Seiten

Psychoanalytisches Seminar Zürich (Hg.)
**Die neuen Narzißmustheorien:
Zurück ins Paradies?**
eva-TB 18, 202 Seiten

Psychoanalytisches Seminar Zürich (Hg.)
Sexualität
eva-TB 83, 208 Seiten

Arthur Rosenberg
Entstehung der Weimarer Republik
eva-TB 2, 267 Seiten

Arthur Rosenberg
Geschichte der Weimarer Republik
eva-TB 206, 220 Seiten

Arthur Rosenberg
Geschichte des Bolschewismus
eva-TB 206, 260 Seiten

Rolf Schwendter
Theorie der Subkultur
eva-TB 210, 441 Seiten

Rita Thalmann/Emanuel Feinermann
Die Kristallnacht
Aus dem Französischen
von Rita Thalmann
eva-TB 211, 235 Seiten

EUROPÄISCHE VERLAGSANSTALT · HAMBURG
www.europaeische-verlagsanstalt.de